IN ORDER TO PRACTISE

LEARN

恶补逻辑学的第一本书

董桂萍◎著

第二版

中国法制出版社
CHINA LEGAL PUBLISHING HOUSE

PREFACE 前言

我们生存在一个信息爆炸的时代，也生存在一个头脑竞争的时代。社会竞争日益激烈，人与人之间的角逐也分外精彩。想要安全地生存下去，我们不仅需要付出勤奋，还需要拥有智慧。大脑思维决定我们如何去掌握、运用知识，如何去分析、解决问题，如何进行创新活动。认真观察身边的人，我们就会发现，那些优秀杰出的人，无不是有着完美而清晰的逻辑思维的人。

思维的力量真的有那么大吗？逻辑的魅力又在哪里？

早在20世纪40年代，西方发达国家为了解开人类智慧之谜，就开始了对大脑思维的研究。研究结果告诉我们，拥有创造性思维和复合型思维的人往往更善于思考，更善于在错综复杂的信息中提炼出真正有用的部分。他们学习、驾驭知识的能力极为突出，创造性地解决问题的方式也总是让人惊叹不已。

著名物理学家劳厄说："重要的不是获得知识，而是发展思维能力。"知识固然重要，却不是让我们变得更加智慧的关键。人的智力高低并不是由知识决定的，真正与它息息相关的是人的思维方式。现代人的知识储备量已经远远超过了古人，可是想要达到孔子或者是牛顿等伟人的高度简直难如登天。

工作中，我们常常会看到两类截然不同的人：前者还没有了解清楚情况便立马展开了工作，以致陷入了进退维谷的状态。而后者逻辑清晰、条理分明，带着同事们顺利地完成了工作。不懂逻辑思维的你，必然会面临沟通不畅、效率低下、工作毫无进展、活越做越多等难题。

想要在这个充满激烈的脑力竞争的社会中生存下来，想要拥有一个光明的职业发展前途，想要你的人生处处精彩，就要学会同大脑内那些僵化的思想、简单的思维模式进行斗争，让自己尽量向一个逻辑思维能力杰出的人才靠拢。

伟大的物理学家爱因斯坦曾给他的学生出了一个难题，他说：“有两个人从烟囱里爬出来，其中一个人头发上落满了肮脏的烟灰，而另一个人却干干净净，你们说，这两个人谁会去洗头？”

“当然是头发落满烟灰的那个人！”一个学生抢着回答道。

“不……”爱因斯坦笑了，“这件事还真不一定。头发上落满烟灰的那个人看不见自己，他看到对方身上干干净净，就以为自己身上也是干净的。而原本身上很干净的那个人看到对方头发上落满了灰尘，就会以为自己的头发也是脏的。按照这样的推理，反而是头发干净的那个人会去洗头。”

太多人喜欢运用惯性思维来指导自己前进的方向，殊不知这会将自己带入逻辑谬误的怪圈。真正的论证者很重视推理本身的理性力量，而这种力量也会带给他们井井有条的生活和耳目一新的人生。

逻辑教你不犯错，逻辑教你理性生活，而你正拿在手里的这本书将深奥玄妙的逻辑思维与现实生活深入浅出地联系了起来，带着你领略逻辑思维的奥妙，遨游逻辑王国的“无边美景”，教你做“迷茫时代”里的“明白人”。

谁也不能否认逻辑的高深莫测，但对于生活来说，对于我们来说，它明明又是如同空气一般的存在，它可以出现在任何一个角落，离了它我们寸步难行。

这样一门绕圈子的学问，却有着帮助人们攻破人生陷阱、揭穿生活谬论、解决生命矛盾的力量；这样一门听起来“高深莫测”

的学问，却出乎意料地“接地气”。我们可以凭借着行之有效的训练，去提升自己的逻辑思维能力，最终有一天练就“神功”成为高手。

逻辑，是一直陪伴在我们身边的“终极随身法宝”，在人生的赛场上，逻辑教会我们：想要赢，就一定要判断清楚对方的思路。不想输，就一定要改变自己认识世界、解决问题的方式。面对不同的问题要采取不同的方法，和不同的人打交道要采取不同的思维方式。用心培养注意力、观察力、创造力，尽全力开启头脑风暴，能否改变，就看自己。

思维的一百面可以造就一百个成功方式，无论是思维方式的形象与抽象、归纳与发散；还是思维方式的侧向与逆向、追踪与组合；抑或是思维方式的假设与类比、博弈与求易，都是引领我们解决问题、走向成功的绝妙方法。领略不同的思维方式，克服固有的思维定式，感受逻辑思维的魅力，培养自己灵活处理问题的能力，这一切都有助于我们在人生的舞台上大放异彩。

提问需要逻辑，逻辑让我们娓娓而谈、妙语连珠；谈判需要逻辑，逻辑让我们稳扎稳打、步步为营；掌握好逻辑的窍门，我们就可以利用逻辑的力量去说服他人，摇身变成一个会说话的人；窥探了逻辑的真谛，才能杜绝诸多无谓的麻烦和误解。

想要练就强大的逻辑思维能力，并不是一朝一夕的事情，它需要一个漫长的训练过程。而人的逻辑思维能力在发展过程中避免不了“卡壳”现象的发生，这意味着你遇到了思维的障碍点。为了促使思维及时扭转，你需要适时加以疏导、点拨，将“分析与综合”“具体与抽象”“求同与求异”“一般与特殊”等思维方法的原理牢牢记在心里，并尝试着灵活运用到具体的实践中。这样会帮助我们突破逻辑思维的障碍点，使我们的思维能力得到大幅提升。

西方有句谚语叫：上帝偏爱有准备的头脑。面对这样一个喧嚣且充满挑战的时代，我们应当时刻做好“迎战”的准备，利用逻辑思维来打理好自己的人生，努力让自己变成一个更优秀的人。

CONTENTS | 目录

1

LOGIC

逻辑无处不在

第一课

高深莫测的逻辑：你的生活离不开逻辑

逻辑是一门绕圈子的学问

你了解逻辑这门绕圈子的学问吗？

一对夫妻正带着孩子在琳琅满目的商场闲逛，突然，孩子拽了拽妈妈的衣角，指着货架上的零食吵着说要吃，妈妈呵斥道："你才吃过晚饭，不许吃零食！"爸爸却抱起委屈得涨红了脸的孩子，哄道："宝宝不哭，妈妈不给你买，爸爸给你买！"孩子破涕为笑，开心地说："爸爸对我真好！"

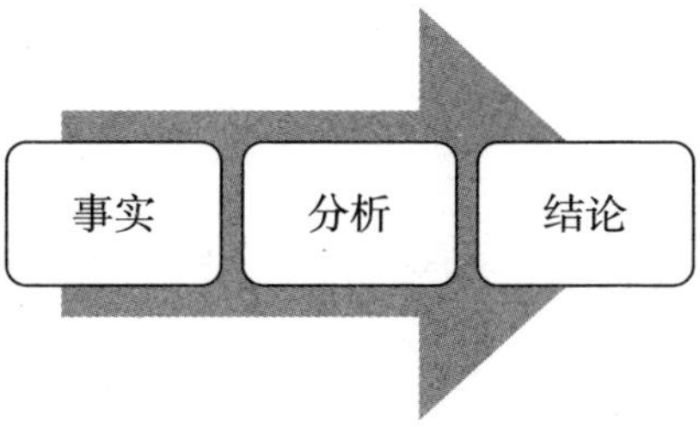

简单的逻辑图

能够被总结出的规律，都可以被称为逻辑

这时候，孩子心里产生了一个结论：妈妈不允许他吃零食，妈妈待他不好，爸爸为他出钱买零食，爸爸待他好。这可以说是生活中一种最直接、最基本的逻辑。

“逻辑”这个词语对于我们来说并不陌生，但若要人们准确地说出它具体的含义和应用范围却是一件难事。现代汉语将“逻辑”这个词的定义概括为思维的既定规律和规则，或是某种理论、观点、行为方式。有时候，“逻辑”也可以作为“逻辑学”的专指，或者用来表明客观存在的事物的规律性。

哲学范畴中，“逻辑”是一个很深奥的概念，在此，我们主要讨论的是生活中的逻辑，它指的是某种思维习惯、推理过程或者看待问题的方式。无论是哪一种情况，逻辑都称得上是一门绕圈子的学问，若想摸透其中的技巧，必须下苦功夫。

日常生活中，不管是我们为人处世的方式，还是与人沟通和交流的方法，都有其内在的逻辑。逻辑缜密的人说话做事滴水不漏，堪称高情商的代表。逻辑混乱的人往往会将人际关系处理得一团糟，时时刻刻都处于焦头烂额的状态。

当逻辑这门绕圈子的艺术被应用到人际交往中的时候，往往会发挥出强大的效用。不知道你注意到没有，我们身边那些说话高手很少直接向众人表露出他们的真实意图。他们不开口则已，一开口必言之有物，且充满技巧。

滔滔不绝、口若悬河之人只能算是雄辩家，并不能算是真正会说话的人。而那些委婉迂回地将自己的意思巧妙地传达给对方的人往往是交际场上游刃有余的语言高手。他们或者三言两语、言简意赅却已暗有所指且韵味悠长，或者旁敲侧击、声东击西醉翁之意不在酒，他们深谙兜圈子的法门和巧妙暗示的技巧，将逻辑这门艺术

“玩”得娴熟而精彩。

著名的“触龙说赵太后”的故事相信大家都已耳熟能详，让人印象最深刻的就是触龙委婉话语中呈现出来的那种缜密逻辑，依靠着完美无缺的逻辑和无与伦比的辩才，他成功地说服了赵太后，达到了自己的目的。

触龙可谓深谙绕圈子的艺术，他知道赵太后正在气头上，若是像其他的大臣一样直诉利弊只会碰一鼻子灰，想要达到进谏的效果，不妨绕个弯子再说话。相信在劝说赵太后之前，触龙一定经过了一番详细的分析和准备，将一切考虑得清清楚楚，这才胸有成竹地出现在赵太后面前。

拥有强大逻辑思维能力的人，不会拘泥于单一的说话模式，当正面谈话失去作用时，他们会换一种角度，或旁敲侧击，或委婉暗示，力保谈话能够顺利地进行下去。想要练就完美的逻辑思维能力，我们就要抓住平日里每一个训练机会，充分掌握绕圈子说话的精髓，并时刻注意以下三点：

- 当沟通出现阻碍的时候，借助“话语中介”来表达意图。

王林大学毕业后，成功通过面试进入一家知名广告公司工作，刚入职的他心里好似有一团火焰在燃烧，每天都充满干劲。王林在相同的岗位上一做就是3年，眼见着周围的同事们升迁的升迁，跳槽的跳槽，却只有他还是当初那个不起眼的小员工，每天都做着类似的工作，生活一成不变。

王林的心逐渐浮躁起来，心态越来越不平衡。女友小丽看出了王林反常的情绪，周末的时候特意将王林约到公园散步，两人一边走一边聊，王林却有点心不在焉。公园很大，走着走着他们面前出现了两条路，王林问道："我们应该走哪条路呢？"

"你说呢？"小丽微笑着反问道。王林有点不耐烦，指着左边说："这条吧。"小丽点点头："行，咱们就走这条路了！"

结果两个人走了很久还是没有走出公园，王林皱着眉头："早知道应该选那条路，这条该不会是死路吧？"

"既然已经选择了这条路，就不要后悔了，何况这条未必就是死路，说不定走到最后你会发现这条路才是适合自己的呢？目前最重要的是坚定信心，耐心地走下去。"小丽声音坚定，双眸明亮。

望着小丽鼓励的眼神，王林心里豁然开朗，他似乎明白了小丽的良苦用心，望着小丽温柔地笑起来。

为了让迷失方向的王林明白"不要轻易后悔自己所选的路，勇敢坚定地走下去"这个道理，女友小丽煞费苦心。她知道王林性格敏感，直接挑明会引起他的反感，而用这种说理的方式不仅含义深远，还能让王林很好地接受，可谓一举两得。

当我们要向他人表达某种观念的时候，可以借助"话语中介"来委婉地表达，而我们寻找的这个"话语中介"必须紧扣话题，且合适恰当。

● 采用委婉、迂回的方式，表达立场的时候要注意语气和关键词，并分清楚说话的场合。

就算是成功地找到了"话语中介"，也不能掉以轻心，因为第二步就是要依据不同的沟通对象和不同的聊天场合来选择表达的方式，切记不要因为语气等因素造成沟通障碍。聊天的时候用语需谨慎，不要一言不慎就祸从口出，让对方把你当作"真小人"。想要熟练地掌握绕圈子说话的技巧，就得时刻用心。

说话的时候多采用不同的角度，让对方主动领悟你话里的道理。

看人看事不要永远只秉持着一个角度，这样容易被逻辑的“死胡同”困住。当遇到障碍的时候不妨换个角度，换种表达方式，吸引对方注意力的同时，让对方主动去思考，主动去领悟。

当正面沟通行不通的时候，我们可以先避开对方的锋芒，再充分地运用逻辑思维的力量，利用绕圈子说话的艺术去和对方交谈，正所谓“言语有限、智慧无限”。

逻辑思维是一种国际化共通语言

逻辑思维能力是一种采用科学、合理的逻辑对周围事物进行观察、比较、分析以及概括、判断、推理的能力，它不仅能够帮助我们正确认识客观存在的事物，更能够帮助我们解决生活中遇到的难题。同时，逻辑思维是一种国际化的共通语言，运用逻辑思维，两个来自不同国度、拥有不同文化背景的人也能够交流自如。

2600 多年前的印度产生了最早的逻辑学，那时候它主要作为一种推理方法被人们进行系统的研究和分析，如佛教的因明学。2400 多年前的中国正处于春秋战国时期，墨子首创的墨家学说里也囊括了逻辑学的范畴。而 2300 多年前古希腊著名的哲学家亚里士多德则奠定了现今的形式逻辑学的基础。可见，逻辑不分年代，不分国界，它是人类的智慧之光。

斯杀在辩论场上的辩手们很注重逻辑这个概念，但实际上在生活中逻辑也存在着广泛的应用。随着社会经济、文化的发展，人们越来越推崇理性思维和科学精神，也越来越重视对自身逻辑思维能力的培养。

不考虑国籍、肤色、语言、文化背景、成长经历等因素，世界上的人可以被简单地划分为两类：理性的和感性的，逻辑思维能力强的和逻辑思维能力弱的，聪明的和愚笨的等。逻辑作为一种国际化的共通语言，能够帮助我们更好地在这个复杂多变的世界上立足，能够帮助我们更快地融入这个日新月异的社会。

小羽高中毕业后就被父母送到国外留学，当时他的英语水平只能应付日常生活中的一些简单对话，遇到高深的问题他就只能一筹莫展了。小羽有 3 个室友，分别来自欧洲不同的国家，平日里他们的关系很冷淡，互相见面只会客气地打个招呼，除此以外并没有更多的交流。

有一天，小羽回到宿舍的时候发现，来自荷兰的室友正怒气冲冲地朝着来自意大利的室友大吵大闹，两人情绪激动，说话的语速很快，小羽再怎么努力也听不懂两人在吵什么，但是他却将一个单词听得清清楚楚：偷。小羽扫了一眼桌子，发现有一盒拆开的巧克力，巧克力旁摆着一支钢笔，他立马就明白了是怎么回事。

寝室里的人都知道，这支钢笔的主人是意大利室友，而巧克力的主人却是荷兰室友。原来荷兰室友回到宿舍的时候发现他放在自己柜子里的巧克力被人拆开吃得所剩无几，剩下的包装盒就扔在了桌子上，包装盒的旁边却放着意大利室友的钢笔，荷兰室友认定是意大利室友偷吃了他的巧克力，正巧这时意大利室友也回到了宿舍，两人便吵了起来。

小羽心里知道这盒巧克力绝对不是意大利室友偷吃的，因为自己整整一下午都待在图书馆里，而意大利室友就坐在自己旁边的座位上，一步也没有离开过。他用并不流畅的英文为意大利室友辩解，却遭到了荷兰室友的一个白眼，接下来荷兰室友说的话却被小羽听得很清楚："他的钢笔就摆在我的巧克力旁边，如果不是他偷吃的，会是谁呢？"

小羽迅速组织好语言，一边用手比画一边用英语说道："如果巧克力旁边放着谁的钢笔就说明是谁偷吃的话，那么要是旁边放的是你自己的钢笔，是不是也能说明这是你自己'偷吃'的呢？"

尽管他说得结结巴巴，荷兰室友却听懂了他的意思，一时间哑口无言。小羽继续说道："况且据我所知，这个宿舍里特别喜欢吃甜食的有两个人，除了你，就只有……"正说着，宿舍的门又被人推开了，原来是住在同一个宿舍的法国室友。他一边看着小羽他们，一边奇怪地问他们发生了什么事情。弄清楚事情的原委后，法国室友特别不好意思地说道："这事儿怪我，吃了巧克力的人是我……"

到最后大家才明白，吃了荷兰室友巧克力的人是同样喜欢吃甜食的法国室友，荷兰室友诚恳地向意大利室友道了歉，之后还和小羽成了很好的朋友。其实荷兰室友并不是舍不得一盒巧克力，只是讨厌别人随便乱动他的东西，而通过这件事，他对小羽的正义感和聪明的头脑留下了深刻的印象。

从上面的案例中我们可以得知，掌握了逻辑这门国际化通用语言，哪怕语言交流并不是那么顺畅，我们也能用严谨的推理能力成功地为别人解围，为自己赢得他人的好感和尊重。

在联合国 1974 年公布的基础学科分类目录中，我们可以清楚地看到联合国将基础学科划分成了数学、逻辑学、天文学和天体物理学、地球科学和空间科学、物理学、化学、生命科学七大类。其中逻辑学名列第二，可见逻辑学的地位越来越高，而逻辑思维能力也越来越受到重视。

联合国教科文组织曾面向全球发表了一份报告，报告中指出，一次由 50 个国家 500 多位教育学家列出的 16 项关键教育目标中，学生的逻辑思维能力培养计划被列在第二位，由此可见，大部分国家都很重视发展本国学生的逻辑思维能力，而国际上著名的教育学家都对此有相同的认识。

伟大的爱因斯坦认为，包括亚里士多德在内的古希腊的哲学家提出的形式逻辑体系和文艺复兴时期发展的系统实验方法奠定了西方科学的基础，尤其是逻辑学，对于西方科学作出的贡献更是数不胜数。

这一系列事实需要我们运用开阔、广泛的国际视野去看待逻辑的作用，去重视自身逻辑思维能力的培养。真正的世界性语言是严谨的论证和周密的逻辑，拥有了强大的逻辑思维，无论你身处何种环境，都能够顽强地生存下来。

当你拥有一整套严谨的逻辑系统，当你习惯反复论证的过程，你的人生会变得顺利得多。强大的逻辑使得我们和他人进行沟通的时候，能够理直气壮、言之有物，而不是唯唯诺诺、缺乏自信。

逻辑无处不在，你的生活离不开逻辑

一些人认为，逻辑和思维这些看不见摸不着的东西听起来很玄，与普通人相去甚远。实际上，逻辑与你我息息相关，逻辑无时无刻不在为我们的生活服务，可以说，我们的生活根本离不开逻辑，逻辑无处不在。

逻辑思维与我们生活中的方方面面都有着密切的联系。比如说，当你急匆匆地出门想赶赴与某个人的约会的时候，你的脑子会不自觉地进行运转：究竟是乘公交车去呢，还是坐出租车去呢？公交车太慢，说不定会迟到，但路途遥远，坐出租车又太贵。

你正犹豫纠结的时候，突然眼前一亮，想到不远处有个地铁站，如果选择坐地铁的方式，既能够在约定时间内到达现场，又不必花费太多的钱，可谓一举两得。这个案例虽然很普通，但很好地反映了逻辑思维运作的过程。

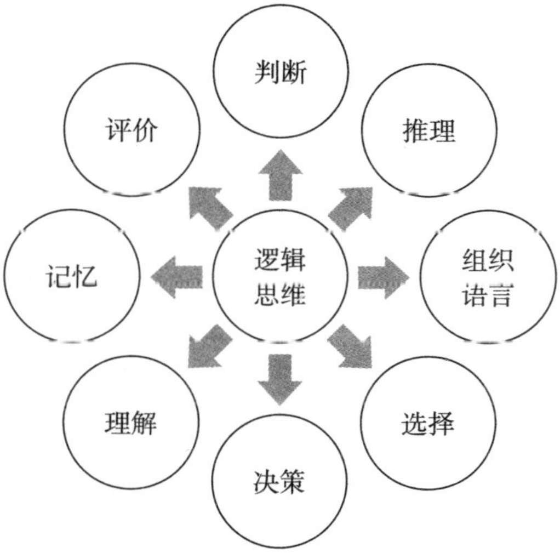

无处不在的逻辑思维

我们会为“中午要吃什么，周末要去哪里玩”等问题付出思考，并在一番权衡后作出最适合的决定，这就是典型的逻辑推理过程。无论我们脑海中纠结的事情有多微小，我们都会不由自主地为此进行逻辑推理和思考，并最终得出结论。

逻辑思维自诞生以来，就一直借助语言传递着信息。而在生活和工作中，人们必须运用语言进行交流和沟通。逻辑思维强的人可以利用这项能力提高沟通效率，增强交流效果，有时候甚至可以通过有效的语言，来挖掘藏在谎言后面的真相。

小武今年刚升入县里的初中，繁重的学业压得他喘不过气来，加上周围不良学生的诱导，使他对网吧产生了浓厚的兴趣。一天，得知数学老师要去市里开会，原定的下午的数学课变为自习后，小武心里暗暗高兴。中午，他和几个小伙伴拎着书包，偷偷翻墙离开了学校，拐进了街旁的一家网吧。

小武在网吧里整整玩了一下午，将所有的事情都抛到了脑后。直到下午6点多，他才恋恋不舍地离开网吧，回到了家里。刚推开门，小武就发现气氛不对劲，爸爸坐在沙发上黑着脸，一言不语。小武蹑手蹑脚想悄悄溜进自己的房间，却被爸爸叫住。

“你今天下午是不是没去上课？你们班主任给我打电话了。说，去哪儿了？”

小武的心提到了嗓子眼，轻声答道：“我没有旷课啊，我就是迟到了而已，下午第一节课上课铃声一响，我就冲进了教室……”

小武的爸爸冷笑一声：“你还学会撒谎了！今天下午整个县里都停了电，你从哪儿听到的上课铃声？”

小武心里一惊，低下头无言以对。爸爸想了一会儿，“哼”了一声道：“县里的那些网吧都备了发电机，你这小子既然不知道县里停了电，肯定是去网吧上网了！”

小武的爸爸能够从小武的话语中一下子就判断出他是在撒谎，也正验证了“姜还是老的辣”这句俗语。

“思维”这个概念指的是人们运用大脑“想办法”“找答案”的过程，而“逻辑思维”是人类思维的基本共性。逻辑在生活中无处不在，你我的生活一旦离开逻辑，几乎就寸步难行。

离开了逻辑思维，人们基本就丧失了理性思考的能力和冷静判断的能力；离开了逻辑思维，哪怕是最简单的选择题你也有可能出错；离开了逻辑思维，你根本不知道该如何处理生活中微小的麻烦。

在人生这条充满障碍的道路上，逻辑思维相当于你握在手里的拐杖，拥有了它，你就能更顺利地跨越荆棘和泥泞，翻过大山。说话做事有逻辑的人，会更容易获得他人的理解，人生相对来说也会过得更顺利一点；而说话颠三倒四，行事冒冒失失的人却总是会白白浪费机遇。

小李和小吴是某家物流公司的新员工，被分配在不同的部门。工作了一段时间后，经理将所有的新员工召集在一起开了个会，让大家谈谈对工作的想法，提提对公司的意见。小李第一个举手发言，只见他不紧不慢地站起身来，说得头头是道，既彰显了自己的热情和干劲，又突出了自己缜密的逻辑思维能力和独到的观察能力。小李的发言让经理连连点头，面露笑容。

小吴不甘示弱，还没等小李坐下，就大大咧咧地从座位上站了起来，说道：“办公室的厕所也太臭了吧，这几天都没人打扫，而且垃圾桶也没人收拾，饮水机离得太远，喝水也不方便。厕所里的纸巾都是空的，清洁员老是忘记放纸巾，还有就是窗户上面灰尘太多，外面再好的风景看起来也是灰蒙蒙的……”

眼见小吴颠三倒四、毫无逻辑地说了一大通，经理皱起了眉头。散会后经理根据小吴的发言对办公室的卫生加强了管理，小吴得意扬扬，觉得自己受到了重视，结果一个礼拜后，他却被辞退了。

原来自从那次发言后，经理就盯上了小吴，经过一番考察发现他做事拖沓，性格马虎，为人情商太低，根本不适合在公司发展，所以当机立断辞退了小吴。与此同时，逻辑思维能力突出，做事严谨的小李被转为正式员工。

拥有强大逻辑思维能力的人相对于其他人来说更容易获得成功，这是因为逻辑思维能够帮助你正确思考、理性判断、明辨是非。逻辑思维能力强的人很注重话语中的条理性和因果关系。在与别人交流沟通的过程中，逻辑思维能力强的人会始终保持着冷静的判断力，不会轻易受到对方的干扰。

逻辑其实并不高深，但想要熟练地将这种能力运用到生活中也不是一件容易的事情。当我们训练出强大的逻辑思维能力的时候，往往能透过事物复杂的表象看到其内里的本质，这对我们正确认识问题和解决问题意义重大。

提高逻辑思维能力，提高自身竞争力

小王是个憨厚的大男孩。眼看大学临近毕业，小王却一反常态，强烈要求父母花费巨资为他购买一辆车。虽然小王家境不差，他的父母有能力满足小王的这个要求，但是他们并没有轻易地答应他。父亲将小王叫到身边，旁敲侧击地问他，为什么那么想要买一辆车。

小王支支吾吾地说，学校里要办一个毕业聚餐，有辆车就能引起别人的注意。父亲继续问小王：“你从小就不是一个好出风头的孩子，为什么临近毕业的时候反而希望引起别人的注意呢？”

小王脱口而出说道，那是因为他喜欢的女孩会参加这场毕业聚餐，他不在意别人的看法，但是他希望能借此让女孩注意到他。小王的父亲笑了，对他说：“追女孩不是这么追的。你有想过那个女孩究竟喜欢什么样的男孩吗？有侧面打听过那个女孩毕业后的打算吗？”小王懵懂地摇摇头。父亲循循善诱地告诉他：追女孩需要用心，更需要思考，盲目地想用一辆车便赢得女孩的青睐无疑是幼稚的。

从上例可以看出，在现实生活中，哪怕是追求女孩，想要在一群男孩中脱颖而出，也要注重思考，注重分析，而不能冲动地做决定。同龄人中，逻辑思维能力强的人，往往会比其他人更具竞争力。随着社会的不断进步，年轻人面临的机遇和挑战越来越多，想要在激烈残酷的竞争中立于不败之地，就必须想方设法提高自己的综合实力。其中最重要的一点就是要提高逻辑思维能力。

那么，为什么说提高逻辑思维能力是提高竞争力的关键呢？

首先，拥有较强的逻辑思维能力的人能迅速地掌握学习的技巧和进步的渠道。不管是专业知识，还是生活中的一些小常识，他们都能够比一般人理解得更深刻。具备较强逻辑思维能力的人，遇到问题的时候，总会在关注表面现象的同时深入内里，不仅有着较为清晰的思维，还有着比较严密的思考方式。而这种观察思考的方式通常能够使得他们在学习的过程中获得事半功倍的效果。

其次，拥有较强的逻辑思维能力可以极大地帮助你提升综合素质。当今社会，稀缺的就是高素质的综合型人才。如果我们想要更快地融入社会，并站稳脚跟，就要具备较强的分析问题、解决问题的能力。拥有较强的逻辑思维能力，能让你在面对生活中必要选择的时候保持清醒的头脑，通过理智判断，寻找出一条最适合自己的道路。而在这不断的挑战中，你的综合素质也得到了极大的提升。

最后，拥有较强的逻辑思维能力的人在求学或者求职的过程中，有着旁人无法企及的竞争力。不管是求学还是求职面试，考的都是知识的储备量，分析问题的思路，语言表达能力和临场应变能力，这些都跟逻辑思维能力息息相关。逻辑思维能力强的人，往往能够迅速地找出问题的源头，抽丝剥茧般地接近事情真相，用逻辑作为武器，脱颖而出，赢得青睐。这让思维混乱、表达不清的人难以望其项背。

晓雯和吴艳同为播音主持系的学生，平时专业课成绩差不多，毕业后，她们同时参加了一场校园招聘会，晓雯被顺利录取，与此同时，吴艳却惨遭淘汰。之所以会有这样的结果，就在于晓雯比吴艳更具有逻辑思维能力。参加校园招聘会前，晓雯花了好几天的时间精心准备了一份思路清晰又不乏特色的简历，将自己的求学经历、性格爱好、专业能力展示得清清楚楚。而吴艳虽然也花了很多时间在简历上，却弄错了重点。她的简历看起来过于花哨，重点模糊，缺乏竞争力。

正式面试的时候，晓雯表现得落落大方，不管面试官问出多么刁钻的问题她都能够巧妙地运用避重就轻的方式回答得井井有条。而吴艳却慌慌张张，话语琐碎。面试官为了考察应聘者们的临场发挥能力和语言表达能力，突然让应聘者们假设是在灾区现场，模拟一段现场报道。

只见晓雯不慌不忙，声情并茂，充满感情地临时发挥了一篇精彩的报道，令考官们另眼相看，赞叹不绝。轮到吴艳的时候，她却紧张得涨红了脸，说得颠三倒四、磕磕巴巴，没有一点新闻工作者的风范。最后，晓雯被向往已久的电视台成功录取，成为一名杰出的主持人。而吴艳却与梦想中的工作失之交臂。

对于刚毕业的大学生，或者是刚刚走上职场的“小白”来说，平时一定要多多注意培养自己逻辑思维的能力，抓住生活中每次机会，用作练习和实践。读书的时候，要注重思考，说话的时候，要注重逻辑。不管遇到什么样的难题、什么样的选择，都要积极地动脑思考，不停地比较分析，再慎重地做出决定。只要平时生活中多用心、多注意，就能慢慢提高自己的逻辑思维能力。

逻辑思维能力是我们急需补充、修炼的一种技能。想要拥有顺畅的人生，想要不被轻易淘汰，想要更具竞争力，我们就要学会如何贴近事情真相地去思考，如何更有逻辑地去说话。每一个优秀的人都有着共性，那就是他们能够站在逻辑思考的大山上，俯瞰世界，从人生的迷宫中找到最适合自己的道路。

第二课

充满陷阱的人生：担心陷入逻辑的漏洞

陷阱一：小心被对方诱导性的语言所误导

当有人用带有明显感情色彩的语言告诉我们应该相信什么，需要怎么做，大家都在怎么想的时候，我们要小心不要被对方诱导性的语言错误引入相反的方向。时刻让自己的大脑保持清晰的思路是很有必要的，因为你一旦走神就可能在不知不觉间掉入对方为你挖的“深坑”。

如果一个人对你使用诱导性的语言技巧，那么他无非是想混淆视听，扰乱思路，将你的思维带入他设计好的“圈子”中。要不就是企图掩盖一个不想被你知道的事实。正因如此，诱导性的语言充满了“虚张声势”的特质。

大家都在网络上看过一些耸人听闻的标题：“连 ×× 都开始养生了，你还在等什么”“这件事情实在是太恐怖了，连著名主持人 ×× 都转发了”，这些所谓的标题党用一些带有明显诱导性的词语引得一些人纷纷“上当”，使得这些毫无根据的说法、论述、传言一直活跃在互联网中，至今不曾消停。

而那些本意是回避某些问题的人，通常会采用一些“连小学生都知道”“不可否认的是”“这个再简单不过了”之类的措辞来展开谈话，误导你一步步走入思维的盲区，直到他成功回避掉不愿面对的问题。

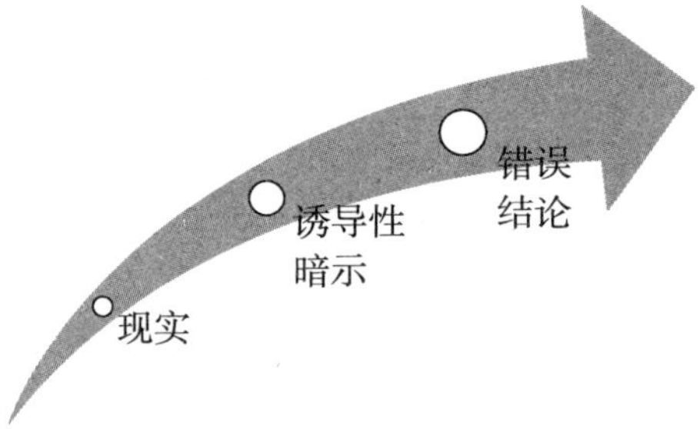

通过诱导性暗示，让人得出错误的结论

不要轻易被谈话对象那些诱导性的语言所误导，不要轻易变成谈话中的应声虫，当对方看着你的眼睛，无比“真诚”地问出“难道这种说法不对吗？”“你不觉得这个假设很有可能会实现吗？”“你不认为这个很便宜、很实用吗？”诸如此类的问题的时候，你要保持清醒的头脑，去倾听自己内心的声音，不要被对方轻易迷惑，走到对方的语言陷阱中去。

法庭中经常会出现这种诱导性的问题，一般律师会试探性地向原告或者是被告抑或是证人问一些听起来不那么明显的诱导性问题，试图引导对方的思路，若提问的律师经验丰富、技巧老到，而被询问的对象相对来说性格软弱一些，就容易被对方律师所误导，说出对律师有利的答案。此时，己方律师一定会抗议说：“这是一个诱导性的问题。”可见，诱导性的问题在法庭上是不被允许的。

比如，若原告律师问道：“你现在还会打儿子吗？”被告律师一定会向法官提出抗议，因为面对这样一个诱导性问题，无论被告回答“是”还是“不是”都相当于默认了殴打儿子这一行为，这就将原告律师口中假定的行为变成了事实。

很多人都不清楚诱导性的语言能够产生多大的效果，而语言逻辑高手们却能清楚地分析出其中的利害关系，并游刃有余地将这一技巧运用到日常生活中。

小袁是一位在校大学生，有一次在图书馆看书的时候，他无意中看到坐在不远处有个长发披肩的女孩侧影很美，不知怎么的，小袁一眼就喜欢上了她。为了接近那个女孩，小袁假装无意中坐到了女孩的对面，弯腰捡起一支笔，向女孩搭讪道：“请问这是你的笔吗？”

女孩摇了摇头，小袁趁机与她攀谈起来。原来这个女孩叫吴湘，跟小袁来自同一个系。两人小声聊着天，极其投缘。并肩离开图书馆的时候，小袁突然问道：“明天见面的时候，我能约你看电影吗？”吴湘愣了愣，点了点头，又迅速地摇了摇头。小袁乐了，笑着说：“那明天见面再决定，我们明天中午见吧！”

从这个案例中，我们可以看出小袁提出了一个问题，却故意回避掉了另一个问题。前者是吴湘答不答应与他看电影，后者是吴湘答不答应再与他见面。实际上，狡猾的小袁在问出这个问题的时候，已经预设好吴湘答应跟他见面的前提了，而性格温和的吴湘不管是答应还是不答应和小袁一起看电影，都已经给了小袁再次相见的机会，这就是小袁的聪明之处。

提问者在提出诱导性问题的时候，往往会提前设定答案，再采用心理暗示等技巧让对方更倾向于自己设定的所谓“正确”答案。采用诱导性的语言技巧，目的要么是回避某些问题，掩盖事实情况，要么就是误导对方的思维，让对方暂时变成自己思想上的“傀儡”。

李菲菲与丈夫王明步入婚姻殿堂后，生活一直过得平静而幸福。直到一年后的某一天，李菲菲无意中打开了丈夫的QQ空间相册，发现他把其中的一组照片锁了起来。女人的第六感提醒她，这里面绝对有猫腻。她想了一会儿，在密码那一栏尝试着输入了几个数字，居然成功地解了锁。出现在李菲菲眼前的是几张旅游照，照片里的男女李菲菲分外熟悉，一个是丈夫王明，另一个是他的前女友。望着照片里笑容灿烂的女孩，李菲菲心里涌起了一股怒火。

王明在上大学的时候交了一个女友，和很多大学情侣一样，毕业后他们就分了手。李菲菲一直以为，丈夫早已经和前女友断了联系，想不到他们却瞒着自己暗地里偷偷地见面。照片里出现了A市的地标性建筑，日期刚好是前天。A市离他们居住的城市特别近。李菲菲立马便想起最近王明一直借口加班，经常深更半夜才回家。就在上周末，王明消失了一整天，回来后却对李菲菲说自己临时去了公司处理事情。

一想到丈夫对自己撒谎，李菲菲便心如刀绞，她按捺住了情绪，准备将事情的来龙去脉弄清楚。晚上王明回到家，李菲菲表面上不动声色，还和往常一样准备了丰盛的晚餐。两人吃过饭之后，坐在沙发上一边看电视一边闲聊，李菲菲淡淡地问道：“听说上周末A市下了好大的雨，温度大降，道路都淹了……”

“怎么可能，”王明心不在焉地回答道，“周末那天A市明明是个晴天，温度特别高，穿着薄薄的衬衫走一会儿衣服就湿透了……”

“哦？你怎么知道？难道那天你去A市了吗？你不是说去公司加班了吗？你去A市做什么？为什么要瞒着我？”面对李菲菲一系列尖锐的问题，王明猛然醒悟过来，涨红了脸不知道说什么好。

李菲菲是聪明的，她在面对说谎的丈夫时，并没有大吵大闹，而是通过诱导性的语言引出了丈夫嘴里的实话。这种在话语里埋下陷阱的做法，很容易让人上当。

为了在面对这种诱导性语言的时候不被忽悠，我们要仔细揣摩对方的话，注意对方话里是否存在某些暗示或假定，始终提醒自己保持清醒的头脑，不要被误导。

陷阱二：小心陷入对方“套套逻辑”的怪圈

一个瘦得像麻秆一样的人问一个胖得像气球一样的人：“你怎么会变得这么胖？”胖子无奈地叹口气，回答说：“因为我每天都在吃，我吃得太多了……”话没说完，瘦子就大惊小怪地说：“你为什么要吃那么多呢？”胖子翻了翻白眼说：“不吃饭没有足够的热量，我不就饿死了？”

上面这段话里的逻辑是不是很熟悉？再来说一个人人耳熟能详的段子：“先有蛋还是先有鸡？”“当然是先有鸡了，没有鸡下蛋，哪里来的蛋？”“那这只鸡又是从哪里来的？难不成是从石头里蹦出来的？”“那，那估计还是先有蛋吧。”“没有鸡下这只蛋，这只蛋难不成是土里长出来的？”

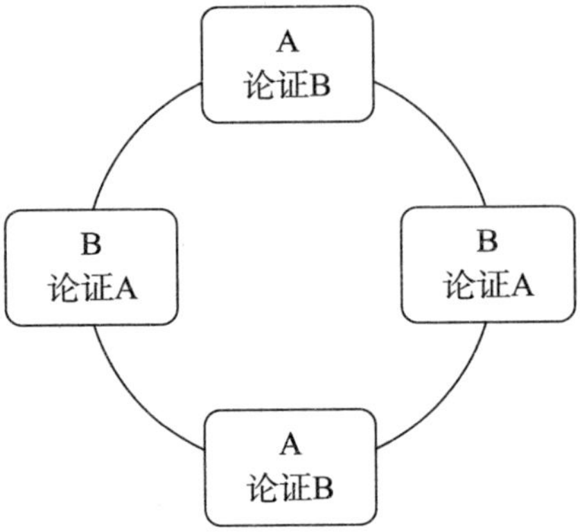

互为补充条件的套套逻辑

无论是胖子和瘦子的对话，还是“先有蛋还是先有鸡”这个老生常谈的问题，所反映的都是同一条逻辑，那就是所谓的“论证循环”，又被称为“套套逻辑”。“套套逻辑”是逻辑谬误的一种，当论述者为了论证自己的某项主张，提供了看起来新颖实则不过是“新瓶装旧酒”的证据，就是在利用“套套逻辑”将对方逼入一个无从反驳的境地。

辩论赛场上的辩手们在关键性的时刻经常会使用“套套逻辑”来回避一些尖锐的难以回答的问题，成功绕过对方的追问。而在现实生活中，也有很多人被“套套逻辑”所忽悠，一不小心就陷入了对方设定好的逻辑怪圈。

老方在一所小学担任语文老师已经有很多年，尽管有着多年教龄，老方的教学方法却经常被学生指责。这是因为，每次在讲解新课文的时候，老方只是一味地将辅导资料上的内容原封不动地搬到黑板上，叫学生背熟，却从不加以详细的分析。尤其是在讲解选择题的时候，老方只会念答案，从来不跟学生解释对错背后的原因。

一次，一个好学的学生忍不住当堂问了一句：“请问老师，为什么这道题要选择 C？”只见老方顿了一下，慢条斯理地回答说：“因为 A、B、D 都是错误的，所以 C 才是那个正确的答案。”学生愣住了，只觉得荒谬至极，却不知道该说什么反驳的话。

老方堂而皇之地用“套套逻辑”忽悠学生的发难，实在不值得提倡。

日常生活中，人们也经常会在一些琐事上犯“套套逻辑”的错误，陷入怪圈中无法挣脱。

当我们一不小心陷入“套套逻辑”的怪圈中的时候，言语上吃点亏还是小事，怕就怕被强行洗脑，挣扎在思维的泥泞中逐渐失去自我，到时候，你将很难预料到迷失了的自己会遭遇些什么可怕的事情。

媛媛在上段恋情无疾而终之后，很难走出失恋的打击，也很少产生再谈恋爱的兴趣，直到遇到李杨，她才改变了想法。从见到李杨的第一面起，她心里就莫名觉得，这次自己终于遇到了对的人。在媛媛的主动追求下，李杨终于变成了媛媛的男朋友。从此以后，两个年轻人在这个偌大的城市里成为彼此的依靠。

李杨心里知道，他的确很喜欢媛媛，但是这种喜欢算不算爱情，他却分辨不清楚。之所以答应和媛媛在一起，一方面是因为媛媛的感情太炙热叫人无法拒绝，另一方面是因为媛媛对他实在是太好了，而他也习惯了这种好。自从与李杨在一起后，媛媛虽然感觉很幸福，却总有点患得患失，也许是因为上段失败的感情给她留下的阴影太深。

媛媛总是会不由自主地问李杨：“你爱我吗？”李杨也总是习惯性地回答：“当然了。”听到这个回答，媛媛并不满足，她会继续追问：“你为什么会爱我呢？”李杨微笑着回答：“当然是因为你值得我爱了。”通常李杨话音刚落，媛媛便立即接道：“那我究竟哪些地方值得你爱呢？”每当媛媛问出这句话，李杨便会回答：

“在我爱你的那些地方。”

李杨并不清楚他对媛媛的感情是不是真正的爱情，所以他从不正面回答媛媛的问题，而是通过“套套逻辑”去回避她那一系列的提问。将“套套逻辑”运用到日常对话中，我们会发现，即使我们说的话并没有表达明确的观点和态度，甚至出现了空洞无物，却让人无可辩驳，无话可说。甚至可以说，巧妙地夹杂了“套套逻辑”的言论，在任何情况下都不会出错。

“套套逻辑”之所以具有强大的欺骗性，在于它在逻辑上是说得通的，但是这一套听起来无法辩驳的逻辑并不能证明什么，它只是一种常见的回避问题的方法，和一种普遍的忽悠人的方式，只要你能厘清思路，坚决不上“套套逻辑”的当，就不用将时间和精力浪费在这个怪圈里。

陷阱三：“一些”并不能代表“所有”

我们经常会在社交平台上看到这样一些新闻，大大的标题叫人触目惊心：“中国人出游不懂礼貌，公众场合言语粗鲁”“中国游客不遵守交通规则，大摇大摆横穿马路”“中国大妈不遵守公共秩序，肆意插队”。这些新闻往往发生在黄金旅游周期，经由别的国家传回国内。

国内外的“键盘侠”们看到此类新闻不由得义愤填膺：“中国人素质太差，干脆别出去丢人现眼了。”“中国人的劣根性真是改不掉啊。”

看到这些指责和抱怨，又有另外一些人会站出来说：“这只是一部分人的不礼貌行为，并不能代表中国人的整体素质。”“不要因为一小部分人的行为，就给所有中国人都贴上标签。”

的确，“一些”不能代表“所有”，因为一部分人的行为，就一记闷棍想将整个族群都“打死”，未免太不讲道理。很多人看事情并不能站在大局的角度上高瞻远瞩，反而瑟缩在逼仄的井底，“盲人摸象”“坐井观天”般地欺骗自己，盲目地告诉自己，手摸到的那一块就是大象，眼睛看到的那一片就是天空，实在是太可悲了。

小罗是市重点高中普通班里的一名学生，因为种种原因，她所在的班级一个学期内换了好几任班主任。这种频繁更换班主任的情况使得学生们的心乱了起来，根本无法集中精力学习，整个班级的学习风气也与日俱下。最近，小罗和她的同学们又迎来了一位新的班主任，对方是一个刚从名牌师范学校毕业的小伙子，并没有多少教学经验。

新的班主任接手小罗所在的班级后，立马开始了大刀阔斧的“改革”。他虽然年轻，为人却极为严肃认真，不管是早自习还是晚自习从不迟到早退，一旦逮到偷懒的学生便严厉批评，丝毫不留情面。小罗和同学们都很不适应，渐渐地对这位新班主任有了抵触情绪。

期中考试的时候，新班主任抓住了几个作弊的学生，叫到办公室一顿狠批，将那几个学生说得面红耳赤。小罗正好有事去办公室，只听班主任怒声道：“你们简直道德败坏。作为学生，平时不好好念书，居然在考试中抄袭，简直丢尽了我的脸。表面上看起来你们班这次总体成绩还不错，谁知道是不是抄袭来的。”

“您这样说就有点过分了吧！”小罗也不知道哪里来的勇气，反驳道：“这只是一些人的行为，跟整个班级有什么关系？”

班主任怒气冲冲地说道：“看看这几个人就知道你们班总体是什么水平。”

小罗也气红了脸：“您这样说太偏颇了，对于班里其他的学生来说也有失公平！何必将一些人的错误扣到整个班级的人头上。”

的确，“一些”并不能代表“所有”，将这两个截然不同的概念混为一谈的人并不太懂什么叫作公平公正，什么叫作客观理性。

而在沟通的过程中，如果你不去有意识地训练自己的全局思维，不去增强自己的逻辑，就会轻易地被对方的“一些”事实所欺骗，当成“所有”的真相般供奉在心里。

谈话高手们将“一些”当成“所有”来宣传，是一种将论证不当周延的行为。尽管这些论证在明白人听起来是站不住脚的，但是对于一些耳根子软的人来说，却很有说服力。谈话高手们一旦将这种“不当周延”运用到出神入化的地步，就会在心理上给人一种强烈的暗示。

比如，在这个年代，出门尽量骑自行车的人大都有着环保和节俭的意识，某市长总被媒体拍到骑自行车出门办事，所以这位市长的环保和节俭意识一定很强。

上面这句话听起来很有道理，实际上却存在着明显的谬误。我们并不知道市长出门骑自行车的真实原因，也不知道为何他总被记者拍到此类行为，仅仅因为骑自行车的人大都是节俭和环保的人这句话，就得出市长也是此类人这一结论，是很没有道理的。

佳佳和小华共同参加了校辩论队，两人同时成为两支辩论队里公认的最佳辩手，经常打擂台赛。别看辩论场上两人总是你来我往用话语当作攻击对方的武器，生活中他们却是形影不离的好朋友。在他们聊天的过程中，充满了逻辑学中的专业术语和典型的逻辑，叫外人疑惑不解，他们却乐此不疲。

这天，他们提到了“不当周延”的谬误，便深入地讨论了一番。佳佳首先举例道：“有些西方人特别有趣，而有些喜欢赌博的人却特别无趣，所以有些西方人不是赌徒。”小华刚想反驳，却不知从何说起。他搔搔头，发现佳佳的话听上去有点道理，却又很无理，主要是佳佳话里提出的条件和结论实在是无法验证，所以他一时也找不到有力的反驳点。

其实，佳佳这个论证反映的是“不当周延”的谬误。逻辑学中有一个概念叫作“周延词”，它是涵盖整个类别术语的学名。而“不当周延”的谬误则是在一个没有任何可靠信息的前提下，企图用一个论点将整个类别都包含在内，而由于信息缺失，你短时间内根本无法对此进行验证。辩论场上经常会运用到“不当周延”的技巧，它要求辩手们在使用之前做足准备工作。

陷阱四：重复一百遍的谎言依旧是谎言

德国政治家、演说家保罗·戈培尔说：“谎言被重复了一百遍就成了真理。”意思就是说，如果将一些并不是事实的事件或者是有失偏颇的观点、主张不断地重复，人们就会像迎接真理一样接受这些事件、观点和主张。实际上，大名鼎鼎的戈培尔亦犯了重复谎言的谬误，只因为，重复了一百遍的谎言依旧是谎言。

1922 年 6 月，戈培尔在听了独裁家希特勒的一场演讲后，惊叹道："现在我找到了应该要走的道路——而这是一个命令！"从那以后，戈培尔就通过各种渠道不遗余力地宣传着"纳粹主义"，成了纳粹的狂热追捧者。

戈培尔利用自己的影响力不断替纳粹做宣传，此事被希特勒知道后，特意提拔戈培尔进入了纳粹的高级领导层。戈培尔为希特勒的赏识欣喜不已，精心调动纳粹宣传机构的各路人马，成功举办了一场场极具规模的宣传运动，将希特勒成功推上了台。1953 年，希特勒任命戈培尔为德国国民教育部部长和宣传部部长。

戈培尔一上任，就采取了各种手段，让希特勒的独裁纳粹统治更深入人心。戈培尔在国内展开了一场又一场疯狂的"焚书"运动，还煽动学生扰乱社会秩序。戈培尔更建立起新的德国文化协会，只招收狂热于纳粹主义的人，同时对新闻、报刊、广播等媒体实施了严格的监管，以便控制舆论蛊惑人心，散播谎言制造谬论。

戈培尔信奉重复会产生一种不可抗拒的力量，要想将谎言变成真理，只要将其重复一百遍就可以。所以他不停地利用手中的权力，不停地给谎言穿上真理的外衣，拿血腥残忍的纳粹主义遮盖着大众的眼睛。这种行为一时起了效果，短时间内，谎言的确被误认为是真理。

随着时间的流逝，戈培尔的谎言逐渐露出了真实的面目，人们看清了纳粹独裁专制、冷血无情的本质，戈培尔的谎言也随之破碎，而他"谎言被重复了一百遍就成了真理"的说法被人们批驳得一无是处，再也没有人相信他的话。可见，无论谎言重复多少遍，即使它能够在短时间内蒙蔽人们的双眼，却不能维持长久。

谎言哪怕被重复一百遍，依旧是谎言，其本质并不会发生改变。

当我们相信了变成“真理”的谎言，我们要么被一时迷惑了眼睛，要么就是享受上当的过程，心甘情愿地被欺骗。如果是前者，被蒙蔽的你我总会有清醒的那天；如果是后者，就算是表面再怎么相信，骨子里依旧清晰地知道，那不过是谎言。

谎言哪怕是重复一百遍，依旧是谎言，把持住这个逻辑，坚定地相信它，这种敏锐而真实的逻辑就会变成你的有力武器，成功为你拨开生活的迷雾，成功为你辨明所有的谎言与真理。

第三课

无处不在的谬论：一步错，步步错

谬论一：人多一定力量大

有一句老话是这样说的：人多力量大，柴多火焰高。老一辈的人都将这句话当作至理名言。而在科技高速发展的今天，人们再看这句话的时候却从中看出了漏洞。人多一定力量大吗？如果人多，心却不齐，是不是也会造成失败呢？柴多一定火焰高吗？假如那么多的柴火却烧错了地方，所造成的损失会不会更大呢？

"人多一定力量大"是逻辑学中的一个谬论，可以说始终依照这种思维行事，你的人生路会走得无比艰难。任何事情都不能称作绝对，它们都有着相对的一面。将"人多一定力量大"当作一个无法辩驳的"公理"，显然是错误的做法。

人多一定力量大吗？相信这条"公理"的人会列举出无数的案例来予以佐证，如中国人耳熟能详的"折筷子"的故事。

从前有一个富翁，他的 6 个儿子很不团结，各个都看对方不顺眼，整天不是吵就是闹，偶尔还会大打出手闹到情面俱无的地步。富翁看到这种情况很伤心，但是又无可奈何。

后来，富翁的身体越来越不好，一想到自己去世以后儿子们势必要为了财产闹得不可开交，富翁心里就焦虑不堪。有一天，他将6个儿子叫到床头，吩咐仆人给他们一人一根筷子，然后说："你们有谁能够把手里的筷子折断吗？"

儿子们都笑了，折断手里的筷子对于他们而言简直是轻而易举的事情。富翁淡淡地看着他们，又让仆人拿来了一把筷子说："那你们有谁能够把这把筷子折断吗？"

儿子们看着那把筷子犯了难。力量最大的大儿子不甘示弱，接过那把筷子便用力掰起来，只见他不停地使着劲，直到额头上的青筋暴出、汗流浃背也没能将那把筷子成功折断。富人感慨地说："一根筷子容易断，而想要折断一把筷子却难上加难。好比你们兄弟，一个人容易被打败，假如你们能够联合起来，却再没有谁能够轻易将你们打败！"

"折筷子"的故事感动了很多人，人们一说到这个故事，便会由衷地感慨："看，人多一定力量大！"而这句话也得到了大部分人的认可。在国内，有着很多类似于"万人万双手，拖着泰山走"的"老人言"；在国外，也广泛流传着"蚊子假如一齐冲锋，大象也会被征服"的俗语。"人多一定力量大"成为人们观念中约定俗成的事情。

事实上，"人多一定力量大"是一种很明显的谬论。听过"人多力量大"的人，想必也听过"三个和尚没水吃"的故事。三个小和尚挑水，依据"人多一定力量大"的道理，是不可能得出"没水吃"

的结论的，那为何故事的结尾却是三个和尚反而没水吃呢？这就很好地反驳了“人多一定力量大”这句所谓的“公理”。

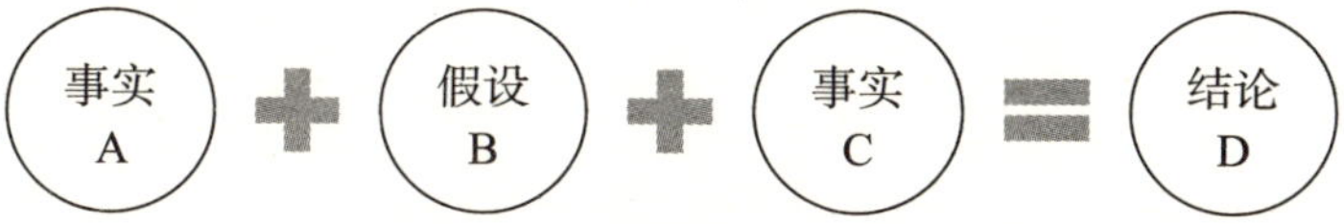

错误的逻辑假设

上图逻辑看似成立，但因为 B 是不确定假设，因而结论 D 并不一定成立。

常被拿来佐证“人多一定力量大”的还有被很多人信奉的“人海战术”，原理是利用“人多”这样的优势来打败敌人。“人海战术”在战争中多有体现，在关键性的时刻，“人海战术”确实能够起到致命性的作用，但实际上，历史上“以少胜多”的案例并不在少数，可见，“人海战术”并不是任何时候都靠谱的，“人多”也不一定任何时候都能发挥出极大的力量。

想要“人多力量大”这样的谬论成立，一定要给它加一个前提，那就是“团结”。各怀鬼胎之众聚集在一起的时候，非但不能发挥出预期的作用，反而会拖累集体。一旦缺少了“团结”这个前提，就别指望“人多力量大”会成为一条真理。

法国心理学家林格尔曼曾经做了一个实验，让一群年轻人分别以 1 人、2 人、3 人……直到 8 人组成小组拔河，同时用测力计量器记录年轻人不同情况下出力的情况。当测到在个人拔河的过程中，单个人的平均拉力为 63 公斤的时候，林格尔曼不禁预测，到了 2 人组拔河的时候，两人的合力会升至 126 公斤，而到了 3 人组的时候应当是 189 公斤，这样一直叠加到 8 人组的时候，大家的合力会上升到 504 公斤。

然而事实却让林格尔曼大吃一惊，随着拔河人数的增加，单个人的平均拉力非但没有上升，反而在持续下降。林格尔曼对着这个实验结果思考良久，最终怀疑起“人多力量大”这句话来。

他发现，这个实验之所以会出现“人多力量小”这样一种有悖常理的结果，在于人的凝聚力的问题，实验对象们缺少一种团结互助的精神。

想要“人多力量大”，就一定要注重团体合作的力量。处在复杂人世博弈之中的我们，不要轻易选择单枪匹马的行动方式，更不要将精力投注于无聊的“窝里斗”，只有注重团结的力量，重视精诚合作的重要性，才能最终取得自己想要的利益。

一家知名企业今年引进了先进的设备，原先那一批落后的设备就只能被淘汰。企业老总白手起家，骨子里有着浓浓的节约观念，他吩咐手下说：“要是把这批设备直接扔掉实在是太可惜了，得找个仓库将它存放起来。”

找到了合适的仓库后，这批设备便被搬了进去。老总又发话了：“这个仓库得找个靠谱的看门人，毕竟不管是防火还是防盗，都不是件小事。”招聘广告发出去后，有人前来应聘。结果50岁的老张成了仓库的看门人。

老张工作很认真，在他任职的半年内没有出过一点意外。却不料有一次老总来仓库巡查的时候正好撞上了老张在打瞌睡，老总皱起了眉头，觉得老张太不负责任，得找两个人约束他。回去后，老总直接派了两名员工成立了一个部门，一个负责为老张制定平日的工作任务细则，一个负责下达这些任务。

后来企业里不断有被淘汰的设备或是办公设施送到这个仓库，

仓库便变得越发重要起来。老总很快又派了两个人去仓库，这一次成立了监督部，一个负责考核绩效，一个负责撰写总结。

随后，在老总的示意下，仓库又成立了财务部，有员工负责计算工时，有员工负责发放工资。甚至后来还成立了管理部，到了年底一算支出，足足多出了好几十万。老总看着账目上的数字，心疼起来。他狠狠心，向下传达了命令："限一周内解决这个问题。"

结果一周后老张被开除了。照理说仓库里这么多人，就算没有老张也不会有什么大问题，随后的事实却打了所有人一记响亮的耳光。老张被开除一个月后，仓库里失了一场大火，尽管最后火势得到控制，却免不了损失惨重的结局。

俗话说：鸡多不下蛋，人多瞎捣乱，生活里有很多事情告诉我们人多不一定力量大，这是因为当一个团体需要共同担负某个任务的时候，团体里的个体的责任感就会变得很小，而当这项任务落到个人头上的时候，他们的责任感往往会变得很强。因为前者总想着还有其他人能够为他分担责任，而后者却需要独自承担责任，两种心态最终催发出两种不一样的结果。

谬论二：感觉经验很靠谱

在现实生活中，很多人在进行逻辑论证的时候，会习惯于根据过往的经验来进行，这种过分依赖经验的做法并不值得推崇，因为仅仅依靠经验来做决策，很容易犯经验主义错误，甚至会造成严重的后果。

当我们去泰国或者印度游玩的时候，会看见一种很奇怪的现象：当地的人可能会将一头庞大的大象用一根极细的链子锁在并不粗壮的柱子上，很多人对大象出乎寻常的温顺感到奇怪。事实上，那些大象重达千斤，只要它们愿意，就可以轻而易举地挣断细链，推倒柱子获得自由，可是这种现象却很少发生，这是为什么呢？

这一切都是“经验”在作怪。驯象人往往在大象还很小的时候就用一根铁链将它们拴在柱子上，对于幼小的大象而言，铁链和柱子就像大山一般坚不可摧，它无数次想要挣脱可是都以失败而告终，久而久之，它们形成了一种牢固的印象：凭着自己的力量，不可能逃离铁链和柱子的禁锢。

这种印象一直延续到大象成年，这时候的它们已经可以轻而易举地挣脱铁链，但它们却完全放弃了反抗，而是乖乖臣服于驯象人的把戏。这就是依据经验行事的典型案例。

《醒世恒言》中记载了这样一个故事，尤葫芦是无锡县肉铺的老板，他向别人借了 15 贯当作做生意的本钱，原本是一件好事，可是尤葫芦此人生性爱开玩笑，当女儿向其询问这 15 贯钱的由来时，尤葫芦眼珠一转，笑着说这是卖她的身价钱。女儿戌娟听到后恐惧异常，左思右想，当夜便收拾了包裹从家中逃了出去。

那天夜里，正巧当地的无赖娄阿鼠闯进了尤家，不仅抢了尤葫芦的 15 贯钱，还残忍地杀死了尤葫芦。娄阿鼠为瞒天过海，编造戌娟谋财杀父的谎言大肆宣扬。对这一切都不知情的戌娟出逃后，结识了客商伙计熊友兰，二人相约同行。不久后一个邻人认出了戌娟和熊友兰，又察知熊友兰身上正巧带着 15 贯钱，他立马断定戌娟和熊友兰勾搭成奸，为 15 贯钱杀害了尤葫芦，随即将二人扭送县衙。

尽管成娟和熊友兰拼命喊冤，知县却问也没问，就武断地判了二人死刑。知县推理的逻辑很是符合“人之常情”，他认为成娟年轻漂亮，熊友兰自然会来勾搭，二人情投意合后，遇到老父尤葫芦的阻拦恼羞成怒，干脆一不做二不休，夺父钱财害父性命。知县凭着“经验”作出的一番论断却将成娟和熊友兰二人推进了地狱的深渊，可见有时候仅凭“经验”办事是一件很要命的事情。

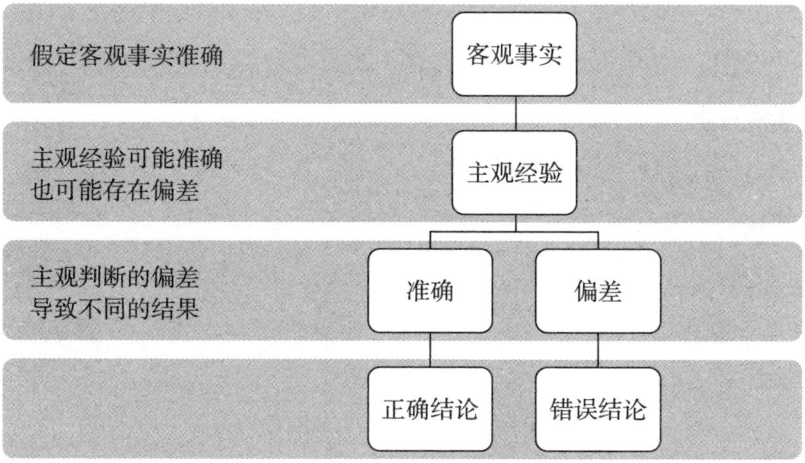

经验就一定靠谱吗？这个问题的答案当然是“不一定”。经验基本上属于感性认识的范畴，明白了感性认识的概念后，我们就能明白，为什么经验并不一定靠谱。感性认识指的是认识的主体在跟对象产生一定的接触后，通过各种感觉器官产生的认识。从某种意义上来说，感性认识只能反映接触对象的外貌形体等浅显而表面的特征，是存在着一定的误差和偏见的。

想要全面地认识对方，想要看清事实的本质，想要从认识事物上升到实践的地步，仅凭感性认识是不够的，还需要我们充分调动理性思维和缜密的逻辑来做具体的考量。简言之，感性认识是不靠谱的，这就证明了属于感性认识范畴的“经验”并不太可靠。

人们依据经验来进行逻辑推理的时候，经常会出现这样的模式：他们看到某种现象的时候，立马就会想到另外一种现象，这两种现象之间强烈的相关性让他们误认为它们一定会同时存在且能互相推导。然而仅凭脑海中的经验就轻易地下结论，是很不严谨的。如果看到一个人衣着光鲜，就认定他是个有本领的人，这种判断也未免太肤浅。

老陈年轻的时候是一个勇敢坚强、心怀志向的穷小子，经过多年的打拼，他终于成为市里首屈一指的企业家。老陈的两个儿子大学毕业后相继进了自家的企业工作，眼看他们已经到了该结婚的年龄，老陈不禁诚心祈祷，希望两个儿子都能找到贤内助，在将小家庭照顾好的同时，最好还能辅佐儿子们开辟事业。

企业家老陈自己出身贫苦，他特别愿意儿子们能和贫苦人家出来的女孩子结成姻缘。在他看来，只有经历了贫穷的人才更懂得节约的意义，才不会败家。老陈认为，出身于贫苦家庭的女孩子更朴实、更懂得心疼人，找这样的女孩子结婚才能幸福。他很快为大儿子物色了一位满意的女孩，安排他们相亲后，便不停地催促他们结婚。

老陈的大儿子性格温和，从小就惧怕父亲的他对于父亲的安排并不敢有丝毫的反抗，很快就和那位姑娘结了婚。解决了一桩心愿的老陈开始操心起小儿子的婚姻大事来，结果性格叛逆火暴的小儿子却完全不听老陈的安排，偷偷地和相恋多年家境优渥的女朋友领了证。这件事情将老陈气得够呛，他一狠心直接将企业的管理权交给了大儿子，却将小儿子发配到了一个很小的分公司，自己过起退休的生活来。

几年以后，情况却发生了逆转。大儿子不仅将企业管理得乱七八糟，自己的婚姻生活也到了崩溃的边缘；而小儿子却将分公司的业务做得风生水起，家庭生活也过得幸福美满。

原来大儿媳虽然出身贫寒，却生性懒惰贪婪、爱慕虚荣，自从嫁作人妇后，大儿媳再也没有工作过，整天就是逛街、旅行、买奢侈品。而家境优渥的小儿媳却性格开朗、视野开阔，她不仅将小儿子的生活起居照顾得井井有条，还能时不时在事业上给予丈夫有效的帮助，随着丈夫事业越来越好，他们的感情也越来越深。

经验有时候是一种成见，甚至会成为一种阻力，让你产生错误的判断，因此错失良机，所以在面对经验的时候，我们一定要保持足够的冷静。

“感觉经验很靠谱”的逻辑为人们认识事物提供了一种便利的思路，但是这种思路并不能带来百分之百正确的结果。想要克服这种经验带来的“阻力”，我们就要对物体与物体之间联系的复杂性产生清醒而充分的认识，要承认自身经验的局限性。

想要拥有严密的逻辑能力，就要学会具体问题具体分析，不要还没抓住问题的实质，就盲目地依据经验做出错误的判断。

谬论三：以出身来论英雄

“以出身来论英雄”同样是逻辑思维的谬论之一，这种出身决定论并不符合正常的逻辑推理，是应该被坚决反驳的。尽管有很多人热衷于“龙生龙凤生凤，老鼠的儿子会打洞”的“真理”，但同时也有另一些人对“龙生九子，各有不同”信奉不疑。

尽管在逻辑思维各种各样的谬论中，“出身决定论”属于被打脸最多的那一种，但在现实生活中，这种“以出身来论英雄”的思维模式仍然大行其道，普遍流行。尽管某些慧眼识珠的古人有着“英雄莫问出处”的豪迈，然而不可否认的是，“出身决定论”几乎成为大部分人的一种潜意识，看到了英雄豪杰的后代，会毕恭毕敬；看到了奸吝小人的后代，会心存轻视与戒备。

赵奢曾为赵国立下累累战功，是一代名将。人们崇拜赵奢，继而也对赵奢之子赵括喜爱有加，赞誉之词不断。秦军攻打赵国的时候，赵王想当然地认为赵括作为“战神”赵奢之子，一定能够青出于蓝而胜于蓝，于是命赵括替父出征。赵括欣然领命，心浮气躁、求胜心切的他对旁人的建议置之不理，以致延误战机，节节败退，损失惨重。

当初赵王一定要用赵括取代赵奢的时候，赵括的母亲曾苦口婆心劝赵王放弃这个决定，但赵王一意孤行，并没有将赵母的话听进心里。可以说，赵王这种“以出身论英雄”的思维模式与赵军大败的结局是分不开的。

尽管父亲是受很多人崇敬的名将赵奢，但并不意味着赵括就有出色的作战才能。如果想要知道赵括真正的能力，赵王应当在现实生活中细心观察、用心考量，甚至可以用一系列的考验来检测赵括是否能够与父亲赵奢相提并论，而赵王却一味迷信“出身”的力量，这才导致了失败的结局。

后人们为赵王的盲目与偏见叹息不停，殊不知我们也经常会犯这样的错误。一听到别人说出生在某某地方，是某某地方的人，就立马流露出异样的神色，还没深入认识对方就先戴起了有色眼镜。

“以出身来论英雄”是一种实实在在的偏见，甚至隐藏着某种歧视的意味，从逻辑学上来说，它也是一种真真切切的谬论。但是不可否认的是，“出身决定论”这种论调之所以大行其道，也有其自身的理由。

好的出身，意味着好的教育，好的出身更容易造就开阔的眼界，更容易将社会资源轻松地掌握在手里，也更容易成为杰出的人。而出身平庸的人能够遇到的好的条件和机会却少得多。可以说，出身平庸的人与出身优渥的人从一开始就没有站在同一水平线上。

而这并不是“以出身来论英雄”的理由。历史上太多人纵使没有好出身，却也没有辜负生命的意义，他们把时间当作跳板，把努力和拼搏当作舟筏，在漫漫的人生路上成功实现了生命的逆转，甚至流芳百世、名垂千古。

“出生决定论”的谬误在于，仅仅用出身这一项就定死了一个人的性格、水平、成就，粗暴武断不讲情理的同时，也抹杀了很多优秀个人努力向上攀登的机会和平台。这一点在大学生毕业找工作的时候尤为突出，很多企业和单位特别看重毕业生的“第一学历”，认定了非“985”“211”的学生不予考虑，这种现实叫人分外无奈。

想要对一个人作出真实的判断，可参考的要素实在太多，如成长经历、性格爱好、能力水平、自身品质等。也只有进行全面、理性而深入的分析，才能得出相对正确、符合事实的判断。

只以“出身”这一项就断言一个人是什么样的人或者这个人是否优秀，实在是太过武断；只以“出身”这一项就将一个人未来的发展潜能否定得干干净净，未免太过可笑；只以“出身”这一项就定义一个人的一生，未免太过可悲。

余黎一直有个梦想，就是创造出一份属于自己的事业。27 岁那年，他终于鼓足了勇气从工作了很多年的企业辞职，随后便投入自己的事业中。创业的路程艰辛无比，他失败了无数次，却从来没有怀疑过自己的能力。他相信，只要度过这段艰辛的岁月，总有一天会到达成功的彼岸。

几经波折后，余黎终于拉到了一笔投资，靠着这笔钱，他招了几个员工，成立了自己的公司。没想到，市场这时候却变得不景气了，业务非但没有做起来，还越做越差，苦苦撑了一年后，余黎的公司倒闭了。欠了一大屁股债的余黎痛苦无比，却依旧没有放弃梦想。有一天他回到出租屋的时候，发现相处几年的女友冷静地坐在桌旁，而她身边是一个大大的行李箱。

“余黎，你认命吧，你就是一个来自乡下的穷小子，既没有资金又没有人脉，凭什么认为你一定会成功呢？”

余黎握紧了女友的手：“我不信命，我只信我自己，如果你相信我，请给我一点时间……”

女友却冷笑一声：“你以为人人都是马云吗？如果当初你好好上班，不瞎折腾，就不会活得这么惨！”

那天，余黎将女友送到了楼下，看着她的背影，他心里暗暗发誓，一定要亲手改变自己的命运。谁知道，在这之后不到半年，市场突然回暖，余黎的生意活了起来，他一点点还掉了欠下的债务，虽然手头并没有积累很多的资金，但他还是兴致勃勃地筹备着开新公司。正因坚持，他才最终看到了胜利的曙光。

想要改变这种“出身决定论”，想要得到社会认同，关键还是要靠自己的努力。我们没有办法改变出身，但我们可以选择自己努力的道路和方式。出身固然重要，但更重要的是自身的能力，只有努力塑造自己，才有大放异彩的机会；只有改变这种“以出身论英雄”的固有思维，整个社会才会变成一个更公平、更注重自由竞争的舞台。

谬论四：以传说作为依据

唐代诗人杜牧在《阿房宫赋》中写道：“五步一楼，十步一阁；廊腰缦回，檐牙高啄；各抱地势，钩心斗角。”传说中的阿房宫气势恢宏，蔚为壮观，大小宫殿七百余所，秦始皇巡游各宫室，终老之时，也没有将阿房宫的宫室住遍。那么，阿房宫的传说靠谱吗？历史上的阿房宫真如传说中那般宏伟神奇吗？

实际上，考古人员在经过细致烦琐的考古后得出一个较为可信的结论，那就是阿房宫从未建成过，这一切都只是传说。后人为了说明秦始皇的骄奢淫逸，以阿房宫的传说为依据，传得有鼻子有眼，固执地认为阿房宫是有史以来最大的建筑群。这种以传说为依据的做法显得极其片面。

首先我们来分析一下传说的定义是什么。传说一般指的是传统的或者某种特殊专题的知识类型；传说还可指关于某人、某事、某地的神话传说；传说还有据别人说的意思，描述了一个谈论、散布、传播的过程。根据传说的定义我们就能知道，以传说作为依据，在现实生活中会造成多大的误解和困扰，那么，以传说为依据，究竟有多么不靠谱呢?

以传说为依据，指的是片面地根据人们口中的传说来判断、论证某人、某事的确切存在，但省略了详细辨别、认真考证的过程。以传说为依据意味着人们认定传说中的事物是真实可信的，意味着人们将道听途说得来的东西当作论证的依据。

萌萌和丈夫秦阳结婚后，每天都形影不离，感情如胶似漆，唯一美中不足的是，萌萌一直没怀上孩子。小两口倒也不着急，两家的老人却急了，不断地劝说萌萌和秦阳，趁年轻赶紧生孩子。这段时间秦阳出差了，萌萌一个人在家百无聊赖。萌萌的婆婆提着一个保温盒来看萌萌，神秘兮兮地对萌萌说："赶紧喝了保温盒里的药，对身体有好处。"

萌萌看着婆婆一脸神秘的样子，心里很好奇，她一打开婆婆带来的保温盒，刺鼻的药味便扑面而来，萌萌捏着鼻子，皱起眉头："妈，这是什么啊！怎么这么难闻？"

婆婆笑眯眯地回答道："傻孩子，这是中药，中药就这个味，赶紧趁热喝了！"

"中药？治什么的啊，我没病啊！"萌萌有点不乐意了。

婆婆赶紧解释道："这是我给你在熟人那里买来的，女人喝了这个中药，一定能生双胞胎！"

看着萌萌半信半疑的样子，婆婆脸上堆满了笑容："当然，可灵了！这可是'双胞胎秘方'，只要坚持喝这个中药，一定能怀上双胞胎！"

萌萌看着婆婆那么肯定的样子，还是捏着鼻子把那碗中药喝光了。晚上，她将这件事告诉了闺密，闺密一听，便大惊小怪地说：“萌萌，听你婆婆的话，这可是民间流传的‘双胞胎秘方’，据说特别有效！”听了闺密的话，萌萌心里才安定了下来。

从此以后，婆婆每天都会给萌萌煲好中药带过来，看着萌萌喝下去，连续喝了一个礼拜后，萌萌突然发现自己有点不舒服，整天头晕恶心不说，身上还起了一些皮疹。正好丈夫秦阳出差回来，萌萌便将这件事告诉了丈夫。秦阳一听就炸了：“我妈也真是糊涂了！药也能随便乱吃吗？什么‘双胞胎秘方’，身体健康的人吃什么药？”

秦阳火速带着萌萌去了医院，医生告诉他们说，所谓的“双胞胎秘方”多半是能促进性腺激素分泌的药物，身体健康的女性若是服用不当，会引起很多不良反应，严重的甚至会致癌。所幸萌萌服用的时间不长，她停药后，调养了一段时间，不舒服的感觉就消失了。萌萌的婆婆后悔不迭，不停地说：“这些传闻真是害死人了！”

不经验证就盲目相信一些传说、传闻是要不得的，不惜一切后果拿自己的身体做实验的人实在是愚蠢。当我们听到这些传说、传闻的时候，一定要先动脑筋想一想，仔细分析一下合不合理，而不要不假思索地以讹传讹，这样对人对己都好。

拿上古神话、历史故事来说，利用传说这种口口相传的方式传承下来的神话或者历史，其中的某些重要的信息、段落极有可能毫无依据，更别说牵强附会的部分了。

再拿民间传闻来说，传闻在传播的过程中，往往掺杂着传播人的主观情绪，既片面又泛泛，根本不足为信。

拼搏在职场上的年轻人经常能够听到一些关于职场的传闻，随着潜移默化的影响，居然就真的相信了。传闻说“外企的福利待遇极好，是跳槽的首选”“试用期内千万不要跳槽，简历上会留下污点”“跳槽的最佳时机莫过于‘金三银四’‘金九银十’”。这些传说可信吗？我们来一一攻破！

外企的福利待遇极好，是跳槽的首选。

就在前几年，外企的福利待遇确实很不错，但是对于如今已经完全适应了本地节奏的外企来说，无论是薪酬还是福利，各方面都下降了很多。传说中外企发展空间大，前景好，事实上在外企工作过的人都明白，外企里面晋升制度太过残酷，想要升级为高层，是一件艰难无比的事情。可见，无论是选择外企还是民企，都一定要努力融入公司的核心部门，努力提升个人价值，才不会被淘汰。

试用期内千万不要跳槽，简历上会留下污点。

很多人十分相信“试用期内跳槽简历上会留下污点”的传闻，事实上试用期并不是单方面的，它是双方面的。公司在试用你，你同时也在“试用”公司。如果在试用期内，你们双方都觉得不合适，那么再“磨合”下去也不过是在浪费时间与精力而已。调查研究表明，超过七成的 HR 都对员工试用期内跳槽表示理解。如果你真的觉得自己并不适合在这家公司待下去，且有更好的选择，不如果断跳槽。

跳槽的最佳时机莫过于“金三银四”“金九银十”。

“金三银四”指的是每年的 3 月、4 月，“金九银十”指的是每年的 9 月、10 月，而“金三银四”“金九银十”被很多人当作“跳槽的圣经”。的确，每年到“金三银四”“金九银十”这几个月份是人才招聘市场的旺季，这段时间内人才市场上的招聘职位会比其他月份里多得多。但是这真的是跳槽的最佳时机吗？试想，既然是招聘旺季，前来求职的人必然也会大大增多，竞争压力陡然增大。在招聘旺季，一个岗位的竞争人选可能有几十个人，而在淡季的时候，却可能只有几个人，照这样看，淡季求职成功的概率要远远高于旺季。

未经验证的传说，并不能够直接作为事实的依据。我们面对这些传说或者是传言的时候，一定要保持理智的态度，既不完全否定，也不照盘全收，汲取其中有用的信息，忽略其中荒诞不理性的成分。

第四课

非黑即白的矛盾：理顺你不靠谱的逻辑

矛盾一：夸大的广告与真实的人生

当我们打开电视或点开某些网络视频的时候，首先出现在眼前的，往往是五花八门、花花绿绿的广告，年轻靓丽的明星们脸上挂着耀目的笑容，说着各种夸张的广告词，一遍又一遍，不厌其烦地轰炸着我们的视觉和听觉。

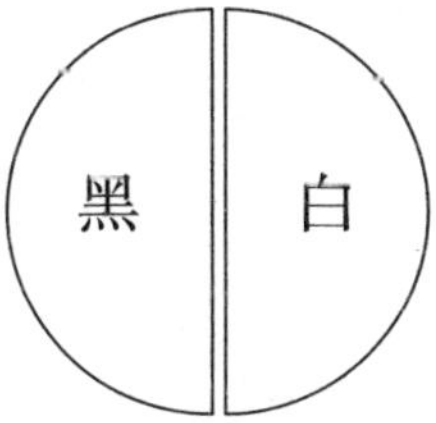

非黑即白

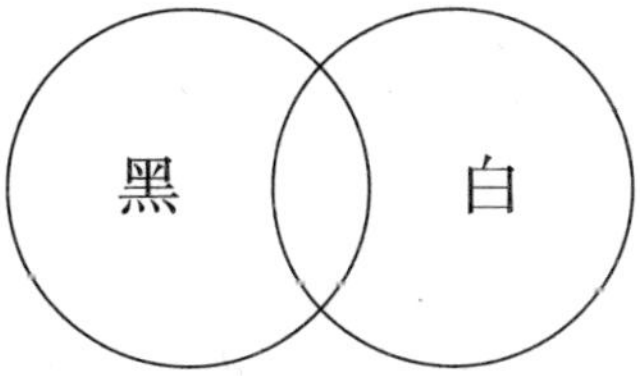

黑白交集

一些人能够清楚地分辨夸大的广告与真实的人生，另一些人却不知不觉地陷入了广告的“旋涡”中，成为被忽悠的对象。广告商们最擅长的便是利用“明星效应”，来给予普通人心理安全感，让他们轻易地对那些夸张的广告语产生信任。

实际上，大多数明星为品牌代言，并不能证明该明星真的去实践了广告词宣扬的神奇效果。明星们为品牌代言，是因为这是他们的工作，最多只能说明他们拿了厂家的钱。明星的身份并不能给产品本身的质量带来保证，明星拿的报酬越多，说明他越大牌，却并不能说明他代言的产品越值得人相信。

我们要对浮夸的广告有清醒的认识，要将它们与真实的生活分开来看。

拿某款洗发水来说，当明星们化着精致的妆容，披散着黑亮的长发，口中诚挚地说着“你值得拥有”之类的广告词的时候，你难免会对这款洗发水能够产生的“奇效”动心。

明星们的代言似乎总带着一股诱人的信服力，让你“心甘情愿”地上当受骗。之所以会产生这样的效果，大概是因为绝大部分人对外表光鲜的明星们都存在着强烈的向往之情，希望自己至少能够在生活起居方面与他们达到某种相似。于是他们会模仿明星们的言行，追逐明星们的喜好，心甘情愿地臣服在“明星效应”的魔力下。

当我们被广告里外表出众、神情亲切的明星们吸引的时候，很容易产生某种盲目信任的心理，并由此生出一些不理性的消费行为。如某款洗发水真的因为明星效应而大卖特卖，也只能算是一件成功的明星代言案例，并不能佐证这款洗发水真的有广告词中说的那么有效。

广告商们利用的是人们希望自己能够成为明星、过光鲜生活的潜意识，并通过夸张的视听因素将这种潜意识充分地调动起来。心理学中有一个原则叫作“捆绑的联结”，当人们看到 A 的时候，会不自觉地想起 B，如当我们看到猫的时候，可能立马就想起狗。广告商们利用明星代言将产品与人们想要成为明星的渴望联结起来，给人留下深刻印象的同时成功刺激了消费。

利用明星代言的洗发水广告希望观众们能够将这款洗发水与明星们展现在屏幕上的魅力联结起来，希望观众们盲目地相信，只要自己也使用了这款洗发水，就能变得和明星们一样有魅力，这就是厂家和广告商们对于“捆绑的联结”这种心理效应的应用。

在逻辑的范畴里，夸大的广告和真实的生活是两个概念，有着鸿沟般的矛盾，将这两者混为一谈的人不可能拥有良好的逻辑思维能力，也并不太习惯用理性的眼光看待人生。只有将两者区分对待，能够清楚分析出两者区别的人，才能称得上生活中的有心人。

除了运用明星代言，广告商们还有一种应用得十分普遍的伎俩：看似真实的使用者的体验。

有一款老年保健品的广告词是这样说的：“十个老人，九个都用 ××”，广告中的老人们笑容满面：“自从喝了 ××，腰不酸了，腿不疼了，爬楼也有劲儿了。”看起来诚恳无比，但这些看似真实的使用者们的体验是否值得信任？

这实际上是广告商们一种惯用的技巧，用那些夸大的广告词来营造出一种产品质量值得人信任的错觉，而实际的情况极有可能大相径庭。虚假的广告词告诉我们只要使用了 ×× 牌产品，就能达到出乎意料的效果，而真实的写照则是，使用了 ×× 牌产品，非但没有起到丝毫的效果，你的钱包还在一次又一次的判断失误中变得越来越瘪。

广告商精通各种非理性思考的技巧，或反复轰炸或捆绑联结，或利用虚假的体验来调动人们强烈的消费心理，中招的人往往将夸大的广告与真实的生活混为一谈，宁愿相信那些胡说八道的广告语也不愿意相信现实世界中的一切。

2015 年 9 月 1 日，有着“史上最严”的“美誉”的新《广告法》正式实施。之后，国家工商总局公布了该年涉嫌违反《广告法》的多个典型案例，一时间成为网上热门的话题。

排在第一位的是“国宝十绝——中国十大传世名画”的广告，这则广告是由河北信超企业管理咨询公司制作，内容夸大虚假，曾在多地电视媒体上进行过一轮又一轮的“轰炸”。该广告的代言人是侯耀华等一众知名艺人，通过一系列“由国际收藏家协会监制”“中国梦文化惠民工程”“限量发行”等夸张的广告词引起人们的兴趣，谎称广告方宣传的书画具有很高的收藏价值和升值空间，使得一大批观众纷纷上当。

后经相关部门查实，这些所谓的“国宝十绝”“传世名画”不过是浙江某家工艺品厂里的产品，属于很普通的丝绸制印刷品。而它之所以会赢得人们的信任，很大的原因在于它利用了代言人的明星身份，利用了这些知名艺人的名气和影响力，才成功地唬住了部分观众。

在这些虚假广告中，那些夸张的广告词带着浓浓的欺骗性，它们要么夸大失实，要么语言模糊，通过各种各样的弄虚作假使得你一头扎入了广告的苦海，将它们逐渐与真实效果混同起来。

对于社会来说，虚假广告像是市场上的一颗毒瘤，对行业的健康发展起到了阻碍作用。对于个人来说，虚假广告在骗取消费者钱财的同时还辜负了消费者的情感。不管是对于社会还是个人，虚假广告都产生或轻或重的伤害。我们要学会如何运用缜密的逻辑和理性的思维去辨明广告中的虚假成分，只有这样，才能远离虚假广告带来的伤害。

矛盾二：感情用事与理性判断

生活中的很多人都可以称得上是“太过感性”的人，他们为人耿直、情感炙热，有着强烈的爱憎，做事好一时冲动。与此相反的是，又有另一批人会被人称为“充满理性”“值得信任”。这两种有着截然不同性格的人通常是逻辑学中一对矛盾概念的代表：“感情用事”和“理性判断”。

将逻辑学上这一相对的概念运用得出神入化的要数某些成功的广告了。聪明的广告商们在做广告的时候往往会将“诉诸感情”与“理性判断”结合起来，让最后完成的广告片里既充满感染力，又不乏理性的光芒。

感性的人在看广告的时候往往会被画面、主体人物、广告词等因素所吸引，而理性的人在看广告的时候看的永远是商品本身质量、性价比等内容，所以他们可能会更侧重于数据等权威信息的考量。

广告商们想要将这两类人的心理都牢牢抓在手里，就得既要注重情感的渲染和表达，又要突出对商品精辟独到的分析，尤其是对商品的实用性、性价比等因素。只有将“诉诸感情”与“理性判断”成功结合起来的广告，才能兼顾广泛的人群，产生预期的宣传效果。

在前文中，我们默认广告宣传词其实都是带着一定的夸大成分的，广告中那些看似理性的分析是需要大打折扣的，而所有的“理性判断”最后都可能会演变成“感情用事”，让我们白白损失金钱。

在现实生活中，想要保持理性判断是一件难上加难的事情。思维再缜密、逻辑分析能力再突出的人，也不能保证“从一而终”，永不被迷惑。再理性的人也会受到感情的困扰，而一旦因为“感情用事”做了错误的决定，就可能会带来致命的打击。

毕业于全国知名学府法律系的郑轩从小就梦想着当一名法官，经过多年的努力，他终于实现了这个梦想。后来，他碰到了一个案子，却叫他前途尽毁。那一次，他在被告席上居然看到了自己分外熟悉的背影，那是他的初恋顾梦，多少年没见了，想不到再次相见的时候却是在这样一个令人无言的场合里。

郑轩的心起了波澜，这么多年，他一直保持单身，只因他忘不了顾梦，当初阴错阳差的分离使他失望伤心了很久才走出来。他听着原告律师的陈述，内心浮想万千，一旦顾梦败诉，她将要接受极重的刑罚。他内心的感性大过了理性，突然忘了自己入行时的承诺，作为一名人民法官，原本应该公正无私的他居然徇私枉法帮助顾梦赢了最后的官司。

然而纸包不住火，这件事情很快被几个记者查了出来，一时间郑轩的照片上了各大媒体的头条，人们纷纷谴责郑轩玷污了人民法官的清白和尊严，甚至以法律界的“老鼠屎”来称呼他。郑轩被迫辞职，前途尽毁。他怨恨自己一时的感情用事，居然做了如此糊涂的事情，然而时光不能倒流，再怎么后悔也没有用了。

不管是普通人还是历史名人，都免不了有不理智、不冷静、不负责任、感情用事的时候，他们或者优柔寡断，或者刚愎自用，最后却都因关键时刻感情用事而丧失了生存的机会。

西楚霸王项羽为人忠肝义胆，重信守诺，项伯曾向他进言，希望其能“善遇”刘邦。鸿门宴中，霸王项羽一再感情用事，不顾亚父范增的劝说和警示，将老对手刘邦轻易放走，致使放虎归山，误了大事。

在楚汉战争到了最紧要的关头——四面楚歌之际，项羽慷慨悲歌，歌的是宝马、歌的是虞姬，此时的项羽没有去想如何鼓舞将士们的士气，如何突破重围东山再起，而只顾肆意挥洒悲壮苍凉的情感，令后人惋惜不已。终于逃到了乌江岸边，项羽自愧“纵江东父兄怜而王我，我何面目见之”，不顾劝阻毅然自刎，叫人悲叹不已。

如若项羽没有一时冲动，自刎乌江，而是韬光养晦卷土重来再争霸业，谁又能真正地断言最后的胜负呢？毕竟“君子报仇，十年不晚”。与项羽这种重情重义又鲁莽冲动的性格相比，刘邦要理性得多。

当年楚汉两军对峙于广武山，刘邦统领的汉军断绝了项羽这方的粮食和军草，项羽无奈，眼见着弹尽粮绝，一时计上心来。他命人将刘邦父亲太公绑在一个高大的祭器上，恶狠狠地对刘邦说：“如果你不同意我的要求，休怪我将你的父亲煮了吃掉！”

绑着太公的祭器被那时候的人们专门用来装盛牛羊之类的祭品，眼见着项羽已经红了眼，刘邦心内焦虑，面上却不动声色，甚至笑吟吟地回道：“当初起兵反秦之时，你我曾一起在楚怀王手下当差，我们那时候情同兄弟，干脆结拜为兄弟，这样说来，我的父亲就是你的父亲，如果你一定要将父亲烹煮成肉汤，请别忘了分一杯汤给我尝尝！”

望着刘邦嬉皮笑脸的样子，项羽怒不可遏，一旁的项伯却阻拦道："这时候杀了刘邦的父亲也没有什么用，说不定还会增添祸乱，不如放了刘太公。"在项伯的阻拦下，项羽最终饶过了刘太公的性命。

可以说，项羽与刘邦的胜负之争，在一开始的时候就被后人窥见了端倪。项羽像一团火，热情霸气，冲动易怒，好感情用事。刘邦似一汪水，能伸能屈，永远保持着包容温和的姿态，在危急的时候能够保持理性的分析和判断，这二人不同的处世态度，造就了不同的结局。

矛盾三：道听途说与现实存在

道听途说指的是没有根据的传闻，这个成语出自《论语·阳货》中记载的一个小故事。说的是有一天毛空神秘兮兮地告诉艾子说："有一只鸭子一次就生了足足一百个蛋！"望着艾子狐疑的眼神，毛空改口说："好……好像是两只鸭子生的。"艾子笑了笑，说自己还是不相信。毛空挠挠头，又改口说是三只鸭子生的，艾子怎么也不信。结果直到毛空嘴里鸭子的数字变成了十只，也没能成功说服艾子。

过了一会儿，毛空又兴奋地对艾子说："上个月从天上掉下一块三十丈长、二十丈宽的肉！"艾子笑道："别胡说了，我可不信这回事。"毛空想了想，说："这事绝对是真的！但是好像不是三十丈长、二十丈宽，好像是二十丈长、十丈宽……"

艾子看着毛空说："我问你，你说的这块肉掉在什么地方？"

毛空茫然地摇了摇头，艾子又问道："你刚刚说的鸭子是谁家的？"毛空为难地答道："我也不知道，这些事儿我都是在路上听别人说的。"艾子笑了，之后他将这件事情说给学生听，并告诫道："你们可千万不要像毛空那样道听途说！"

"道听途说"与"现实存在"原本是逻辑学中一对相矛盾的概念，但是在现实生活中很多人绘声绘色地向他人描述着一些不可靠的传言时，潜意识里却将"道听途说"与"现实存在"的概念混为一谈。

面对道听途说，我们在选择相信之前一定要先进行一番周密的分析和理性的判断，再得出结论，而不能轻易地去相信、轻易地去接受、轻易地被蛊惑。

拿科学来说，想要科学的逻辑，就得通过严谨的实验，经过一系列数据的采样、信息的对比等步骤，而不是道听途说。一个靠谱的科学实验所能带来的说服力远远不是道听途说得来的小道消息比得上的。

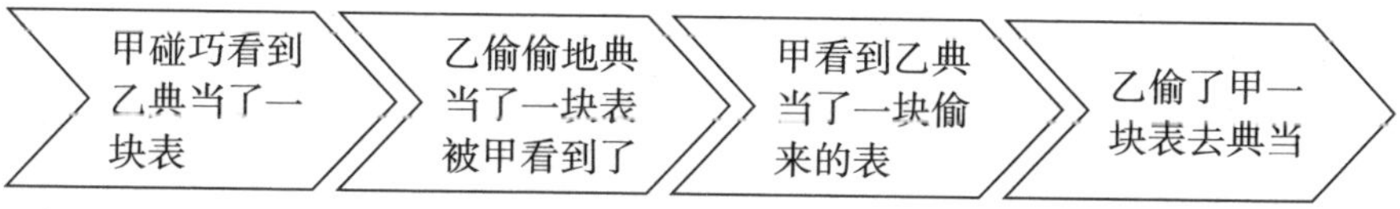

信息在口口相传过程中被人为地加工和篡改

不经过翔实的佐证就将"道听途说"得来的消息轻易地当作"现实存在"的一部分，这样的人明显与严密的逻辑思维能力无缘。换言之，拥有强大的逻辑思维能力的人不会轻信某些未经证明却传得沸沸扬扬的"事实"。

为了接近真相，为了得到正确的结论，拥有强大的逻辑思维能力的人一定会通过各种渠道收集相关信息，再对这些信息进行汇总、重组、过滤和重重的研究和分析，一步步得出最靠近事情真相的结论。

2016 年，主流新闻媒体纷纷报道一个案件，给人留下了深刻的印象。某县城派出所接到村民的报警电话，说一名男子在当地的“坟坡头”上种起了罂粟，该县派出所民警闻言立刻驱车前往罂粟种植地。等到民警赶到现场的时候，发现坡地中间大约 2 平方米的土地上栽种着两排长势茂盛的罂粟，民警们经过仔细清点后得知，这些罂粟植株一共有六十几株，尽皆盛开着鲜艳的花朵，有的甚至已经开始结果。

这些罂粟花都是该县中年男子黄某偷偷种下的，民警找到黄某，经过反复地盘问，才最终知晓了黄某冒着危险种植罂粟花的原因。原来黄某的妻子不幸患病后，长期瘫痪在床，黄某到处打听偏方，只为能够成功治好妻子的病。后来听人说罂粟的果实对妻子的病症很有效，黄某便偷偷种下了六十几株罂粟。民警听了黄某的话，对他不经验证就盲目使用偏方的做法进行了严厉的批评，并向他阐明他的这种行为已经触犯了法律，公安机关必须依法对他进行处罚。

黄某流下了悔恨的泪水，深深为自己愚昧的行为而自责，如果当初他没有轻易地相信那些毫无根据的话，也不会迎来这个结果。

不论是要了解一个人，还是要查明一件事情的真相，都要秉持着实践或者是考察的态度，而不能只凭着满天飞的留言和不公允的毁谤就对此人此事轻易下结论。流言蜚语之所以产生、蔓延，与大多数人道听途说的行为分不开。那些热衷于道听途说的人只能混迹在普通民众里，在逐渐丧失自己独立性思考的同时，也丧失了自己的人格和道德。

小杜是一家餐厅的老板，有一阵餐厅的生意不太好，正巧朋友小秦没事来他店里串门，无所事事的小杜、小秦还有餐厅服务员小马便有一搭没一搭地闲聊起来。聊着聊着，小秦来了兴致，低声对小杜和小马谈起了一件事，原来他之前在给当地的包工头老陈打工的时候，曾听人说老陈为了一个大项目给市领导张某送过一大笔钱。

“这不是贿赂吗？”小马瞪大了眼睛，小秦轻蔑地笑了笑：“这就是贪污受贿！要是被人告发了，那两个人肯定吃不了兜着走！”

小杜突然眼前一亮，脑子里冒出了一个极其大胆的想法。他按捺不住兴奋，向小秦和小马说道：“他们这么做肯定怕被人告发，这事既然被咱们知道了，就不能轻易放过他们，咱们不如……”

小秦和小马瞪大了眼睛，半晌后才想明白小杜的意思，原来他想趁机要挟老陈和张某二人，大捞一笔。小秦和小马面面相觑，不知怎么的，他们居然不约而同地同意了小杜的提议。对于道听途说得来的消息深信不疑的他们，立刻分头行动，小秦负责查探老陈和张某的电话号码，小杜和小马则买来了一部具有变声功能的手机和几张电话卡。

一切准备就绪后，三个人向老陈打了第一个勒索电话，想不到老陈并未理睬他们。三人不服气，又继续进行了一系列恶劣的动作，他们一边继续打威胁电话，一边印了一大批传单，贴在了老陈和张某居住的小区和单位周围，随后还将老陈停在小区停车场里的越野车乱砸一通，将车胎全部扎破。不仅如此，半夜的时候，三人还跑到老陈楼下，不停地向老陈家扔石头。老陈忍无可忍，果断报警。

案件很快就被破了，三人被警方拘留。因道听途说，三人铸下了大错。

乌合之众总是存在着“随大溜”的盲目性，因此道听途说的行为时而产生在他们中间。集突出的创造性、绝对的自主性与严密强大的逻辑思维能力于一身的人，一定能够清楚地区分出“道听途说”和“现实存在”的界限，并坚决守住原则绝不跨雷池一步。

矛盾四：崇拜权威与迷信自我

生活中，一些人崇拜权威，一些人迷信自我，前者好引用名人名言来增强己方观点的说服力；后者好以自我为中心，对自己的一切判断盲目自信。无论是前者还是后者，都容易犯下违反事实真实逻辑的错误，亦都容易陷入逻辑的陷阱，变成一叶障目、偏执狭隘的“牺牲者”。

权威是一个人人都很熟悉的词语。在旧时，饱受摧残与压迫的底层百姓对于上层强权不自觉地有着一股惧怕的情绪，这种情绪一直绵延到了近现代，甚至由极端的恐惧演变成了极端的尊崇。对于权力与威望，人们在展示出强烈向往的同时，亦表露出一种迷恋乃至迷信的态度。

“权威”在现代汉语词典中指的是一种使人信服的力量或者是威望。而在现代人的普遍意识里，“权威”主要是指那些在某个领域能够给出盖棺论定陈述的个人或组织，而这些被尊为“权威”的个人和组织在该领域内必有着毋庸置疑的发言权。

在普通老百姓的心目中，权威们的意见不仅值得参考和借鉴，而且值得被全心全意地信任。在这种情况下，盲目崇拜权威、滥用权威等不符合基本逻辑思维的行为也就见怪不怪了。

在逻辑中，存在着一种显而易见的谬论，称为“诉诸权威”。当人们习惯引用“权威”或者专家的话来当佐证自我立场的论据，却对逻辑或证据视而不见的时候，他们便犯了“诉诸权威”的谬论。对于“权威”或者是专家的那种极端崇拜便是“诉诸权威”谬论的来源。

魏文王曾向扁鹊问了一个问题：“你的大哥、二哥和你一样都十分精通医术，那么究竟谁的医术最好呢？”面对这个问题，扁鹊谦虚地说：“三人中我大哥的医术最精湛，二哥次之，而我是医术最差的那位。”魏文王好奇道：“那为何你的名气最大呢？”

扁鹊答道：“我大哥为人医治疾病的时候，总是在病情发作之前就能很好地控制病情，普通人并不知道他能一眼看出病灶，从而迅速铲除病因，所以他的名气无人知晓；我二哥为人治病，总是在病情刚刚发作的时候，他一诊断立马就能明确病因，村子里的人却以为他只能治一些小病；我为人治病，总是在病情严重恶化、危及性命的时候，而我采取的那种种医治的手段都被人们看在了眼里，他们在外总宣扬我的医术高明，久而之久，我的名气便传遍了天下。”

誉满天下的扁鹊被人奉为医学行业的权威，高高地供在了神坛上，而医术更为高明的大哥、二哥却籍籍无名，不被人知晓。人们崇拜权威的时候习惯看表面现象，却无法透悟事情的真相。

崇拜权威是一个极端，而迷信自我又是另一个极端。过度自信是一种自大、自负的表现，迷信自我的人在面对繁杂生活的时候往往会在错误观念的指引下，作出种种不切合实际的判断。

人类的自我意识包括自我认知、自我意志、自我情感体验三方面。人对于自己的评价，主要依靠自我意识中自我认知这一板块，当一些人对自己的评价高于真实情况的时候，往往会表现得极其自负；当另一些人对自己的评价低于真实情况的时候，则会流露出自卑的情绪。

李青是大学教授，学识渊博，气质不凡，深受学生们的欢迎。这天下课后，李青正匆匆赶往办公室处理一些事情，却在走廊上遇到了学生吴晓磊，吴晓磊兴奋地迎上前来，向李青问了一个学术上的问题。李青一听，便被吸引住了，将手头的事情放在了一边，就这个新颖的学术问题耐心地同吴晓磊讲解起来。

等到李青话音刚落，吴晓磊便迫不及待地发表起自己的看法来。李青刚听两句，便知道刚刚自己的话都白讲了，吴晓磊并没有听进去几句。李青对待学术问题丝毫不含糊，他毫不留情地指出了吴晓磊话里的几个明显错误，吴晓磊的脸顿时红了起来。

吴晓磊虽然是一个颇具才气的有志青年，但性格傲气，一向狂妄，面对李青的指导，他很不服气。为了证明自己的理论并没有错误，他滔滔不绝地为自己辩解起来，丝毫没有注意到对面的李老师频频看表的举动。李青皱着眉头，淡淡丢下一句自己还有事，便快步离开了走廊。

事后，李青打听到，吴晓磊这个人在班里人缘不是很好，因为他太过自大，不容别人指摘。李青心里叹气，这个年轻人虽然勤奋好学，但是他太过迷信自己，这样的人是注定走不长远的。毕业后，吴晓磊虽然顺利进入了一家著名企业工作，但还不到半年就被辞退，尽管如此，他妄自尊大、迷信自我的性格却丝毫没有收敛，发展得越来越不好。

俗话说“人贵有自知之明”，而过于迷信自我的人却没有这样的意识。他们通过一些出格的语言或者是行动来展现自己绝对的自信，刚愎自用、拔高自我的同时不自觉地贬低他人。

LOGIC

2

逻辑是“终极随身法宝”

第五课

读懂对方的逻辑

对方说话模棱两可，心思难猜

逻辑是关于推理的学问，而隐藏在说话背后的有关逻辑的深奥学问更需要我们静下心来，细细揣测、潜心研究。

那么，如何才能变成一个逻辑思维能力很强的人？如何才能在语言的交锋中占据不败之地？如何才能对谈话氛围切换自如，游刃有余？

想要赢，在厘清己方逻辑的同时，还要弄清对方的逻辑。

巧妙的对话是思维艺术迸发的结果，其中隐含着精准而又工整的逻辑。而语言的背后都有着其相应的思路，我们可以通过各种表面信息或隐藏信息来推理、判断出对方心里的真实意图，甚至将对方接下来的行动都掌握在手心里。

在我们面对的交谈对象中，最难“对付”的是说话模棱两可、心思深沉的那一类人。因为他们永远不动声色，从不正面表达情绪，言语中多含有弦外之音，叫人猜也猜不透，看也看不懂。

对方若是说话模棱两可，心思难猜，我们该怎么办呢？下面我们来看两个案例。

案例一，面对“老谋深算”的上司，你该如何应对？

礼拜一的早上，崔浩和往常一样被闹钟铃声吵醒，匆匆忙忙爬起来，简单洗漱后，便背着公文包出了门。早上有点堵车，8点半，终于在最后一分钟赶到公司的崔浩长吁了一口气，迎面却撞上了顶头上司林经理。林经理向他招了招手，将他叫到了经理办公室。

崔浩心里很忐忑，刚一坐下，经理就温和地问道：“小崔，最近怎么样？工作压力大不大？”

崔浩愣了愣，回道：“还行，最近这个项目虽然有点赶，但是我确保能在截止期限之前做完。”

林经理点点头：“小崔，虽然你进公司才一年多，但是你的进步大家都有目共睹。怎么样，你对升职有信心吗？”

崔浩想了想，慎重答道：“大家照顾我，不遗余力地教会了我很多东西，我才有今天的进步。至于升职，我觉得我资历尚浅，还需历练。”

林经理脸上一直保持着微笑，看起来温和而友善，说出的话却叫崔浩丈二和尚摸不着头脑，一点都猜不透他的心思。他正苦思着林经理的用意的时候，对方又问道：“看来你对升职加薪的信心不是很大。那么，依你这一年来的经验，你觉得公司哪方面还需要改进吗？”

崔浩心里“咯噔”一下，静了静，笑着答道：“目前来看，公司各方面都挺好，假如以后我在更加深入的工作过程中发现一些其他的问题，希望我能够为解决它出一份力。”

林经理又点了点头，喝了一口茶，突然转变了话题："小崔，最近你家里怎么样？父母身体都还好吧？"

崔浩突然从经理的话里"嗅"出了某种不寻常的意味，他以前听前辈说过，一旦上司问候下属的家人及有关情况，多半是要予以重任。他接着联想到公司里最近有个大项目，一直在物色接管的人选，难不成选到了自己？

想到这里，崔浩既兴奋又激动，却又及时压抑住了情绪，不动声色地答道："好着呢，父母还没退休，各有各忙，身体都挺好！他们都鼓励我好好工作，说年轻人就应该将所有的精力都投入到工作上去。"

林经理笑了笑，又同崔浩聊了几个看似很平常的问题后，就让他回到了工作岗位。回去后，崔浩工作得更加认真努力，不久，他果然被任命为那个大项目的负责人。

案例一中的崔浩虽然只是个初出茅庐的小伙子，只有一年多的职场经验，逻辑思维能力及语言表达能力却丝毫不输给职场老手们。面对"老谋深算"的林经理，他逻辑清晰，语言滴水不漏，态度不卑不亢，并从蛛丝马迹中正确推测出林经理话语中的逻辑，大胆判断出对方心里真实的意图，这才通过了林经理的考验。

案例二，面对暧昧不清的恋人，你该怎么办？

小龙今年大二，是校学生会的积极分子。最近，学生会举办了一场联谊晚会，在全校引起了巨大的轰动。就是在那场晚会上，小龙遇到了他的"梦中情人"——刚刚进入大学校门的雨琪。

雨琪长相秀丽，气质柔弱美好，恰好是男生心心念念的那类女生。可以说，小龙对雨琪一见钟情。这场晚会后，小龙很快便对雨琪展开了攻势猛烈的追求。雨琪面对这位优秀的学长，也表现得娇羞无限，颇有好感。这天下午，小龙将雨琪约了出来，将特意准备的一大捧玫瑰花送给对方后，二人便沿着幽香阵阵的小径散起步来。

走着走着，小龙终于鼓起了勇气，对雨琪坦露了心声。雨琪低着头，却长久地沉默不语。小龙正想进一步地表达自己的情感，雨琪却巧妙地岔开了话题，聊起了自己高中时候的生活。小龙心里有点着急，试探着问雨琪是不是不喜欢自己，雨琪却娇羞地摇摇头，回道："学长这么优秀，待人又亲切有礼，怎么会有人不喜欢您呢？"

小龙糊涂了，他不明白雨琪对自己究竟秉持着什么样的态度。每当他想要进一步表露心迹，雨琪的回答总是模棱两可，从不正面答应他的追求，可是她又时而表现出对自己又崇拜又喜欢的样子，让小龙抓耳挠腮，不知道怎么办才好。

面对爱情，很少有人能够完全保持理智，小龙就是在盲目的爱情里丧失了逻辑，才会被雨琪模棱两可的态度所迷惑。而小龙身边的人却一眼就能够看出，雨琪对于小龙没有足够的喜爱，所以才会用模棱两可的语言搪塞小龙炙热的追求。爱情是盲目的，可是在爱情里完全失去逻辑思维能力的人，注定会被虚假的感情蒙蔽双眼，受到伤害。在这场"角逐"里，想要"赢"，还是得想方设法探知对方心里真实的想法。

在现实生活中，有些人因为某种目的，或者受到场合的限制，不直接表达自己的立场和观点，而采取模棱两可的方式去面对他人。也有些人因天生的性格或者习惯，说话的时候总是绕着弯子，从不正面阐明自己的想法。面对这两类人，我们想要“战胜”他们，就一定要明察秋毫，厘清对方话里的逻辑，再根据已有的信息做判断，想出具体的应对策略，这样才能立于不败之地。

偷换概念，一眼识破对方的巧计

德国的大文豪歌德曾在狭路上碰见一位素日熟识的人，谁知道这个人却鼻孔朝天，很不友善地说道：“我从不给傻瓜让路。”歌德并未生气，反而笑了笑，彬彬有礼地侧过了身子，在对方傲慢地经过时，缓缓说：“我正好与你相反。”

听过这则小故事的人都会莞尔一笑，为歌德的机智赞赏不已。实际上，歌德运用了逻辑学中“偷换概念”的技巧，成功避过了对方的侮辱，在展示自我风度的同时，还有力地回击了对方，实乃“偷换概念”的最佳案例。

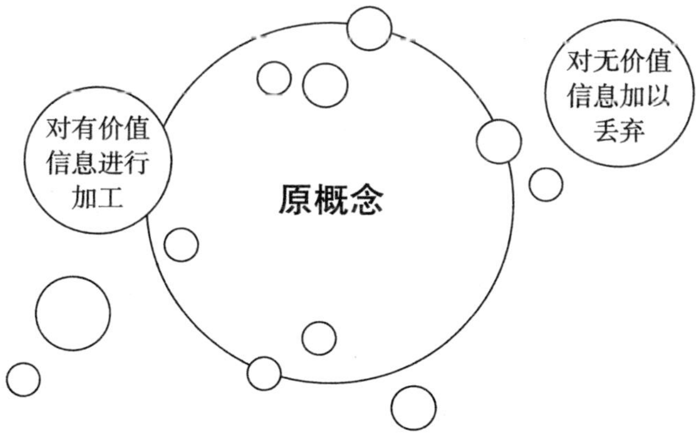

偷换概念

在逻辑学中，偷换概念属于故意歪曲对手言论的逻辑谬误。它的手段是将一些似乎相同的概念进行偷换，用以巩固己方观点，攻击对方立场。这些概念在偷换的过程中，其修饰语、适用范围以及所指的对象等具体的内涵都发生了巨大的改变，能够成功转移对方的注意力，完美地骗过对方。

我们可能会遇到很多思维敏捷的人，拥有着杰出的逻辑思维能力的他们总能够自如地“穿梭”在逻辑学的各种概念间，将逻辑学中的技巧运用得娴熟无比，尤其是“偷换概念”。他们会故意违反规律，将一些表面相似实则风马牛不相及的概念混为一谈，只为了达到某种目的。

想要识破这种巧妙计策，势必要对偷换概念的原理和方法了解透彻，在生活中多多实践，这样才不会轻易上当。下面我们就来了解一下偷换概念的几种典型方法。

曲解对方的言论，用各种语言逻辑技巧将其推翻，并表现出已经完全推翻了对方言论的态度。这种态度往往看起来极其诚恳，或者表面上听起来有它的道理，因此极具欺骗性。想要识破对方的伎俩，就一定要保持冷静，仔细寻找对方话里的逻辑漏洞，然后逐条分析。

甲和乙同是某一工厂里的职工，甲为人质朴，工作兢兢业业，严守厂里的规章制度，因此提拔很快；乙生性懒散，仗着厂领导是他的亲戚，对工作一直态度马虎，总是想方设法地偷奸耍滑，不将厂里的规章制度放在心上，周围的同事都很反感他。

有一天，甲无意中发现，乙居然在工作时间偷偷躲在摄像头无法拍摄到的角落里吸烟，就上前劝阻道：“难道你不知道工作时间禁止吸烟吗？”乙白了他一眼，哼了一声，回答说：“我当然知道，所以我吸烟的时候从来不工作。”甲性格木讷，不善言辞，被乙顶了一句竟张口结舌，久久无法回答。

从对方发表的一大段言论中别有用心地截取某些词句，达到“浑水摸鱼”“以假乱真”的效果，亦是偷换概念的主要方法之一。想要破解这种伎俩，就不能预设立场，更不能盲目听信别人的话，否则很容易被对方断章取义而来的话所欺骗。

断章取义，从交谈对象的一段真实的言论中选取某几句，或只关注整体事实中的某一部分，给自己和别人造成误解。

一家商场经过多年的苦心经营，营业额和盈利水平逐年上升，成为当地知名的商品零售企业。一年前，该商场为了扩张市场，采取了资本扩张的策略。为了在与合作方的谈判中占据优势，商场请了一家评估公司针对商誉（此科目是用来核算企业合并过程中形成的商业价值）进行了一系列的评估，依据评估结果，评估公司为该商场做了专业的会计处理。

尽管该商场做了很多努力，但与合作方的谈判依旧宣告失败。虽然该商场未实现初衷，却依据之前的商誉评估及会计处理结果，从中钻了空子，成功逃脱了一笔巨额税费。直到一年后，当地的税务机关才发现该商场偷税漏税的行为。

等到税务人员找到该商场财务负责人的时候才了解到，原来对方从国家财务部发布施行的《企业会计准则》中断章取义地截取了对己方有利的部分，却忽略了《企业所得税法实施条例》中其他有关商誉的规定，这才造成了此番违规行为。税务机关依法对该商场做出了严重的处罚，而商场方也充分认识到了自己的错误，虚心接受了处罚和处理。

上例中的商场对相关税法的理解出现了偏差，一味断章取义，只关注对自己有利的内容，这才造成了重大的违法行为，并不得不为此付出代价，实在叫人感叹。而我们每个人无论做什么事都要尽量避免“盲人摸象”般地断章取义，企图偷换概念蒙混过关。

我们在与他人交谈沟通的过程中，要分外小心这种偷换概念的陷阱。作为常设陷阱，偷换概念具有很强的欺骗性，没有足够的逻辑思维能力，很容易掉下去。辩论场上经常会运用到偷换概念的手法，想要完美地攻破这种手法，我们可以在意识到对方是在偷换概念的瞬间，及时举例回击，但要保证你所举的例子典型而有效。

人们在阐述的时候，一旦运用到偷换概念的手法，必然会有一个逻辑转换的过程，而这个过程背后都会有相应的假设在支撑，想要攻破对方的逻辑，不妨试着去找出这些假设，再进行有力的回击。

尤其需要注意的是，汉语的语境相对来说是较为模糊的，如果没有认真倾听，很难弄明白对方究竟是在模糊概念还是在偷换概念，抑或是犯了其他的逻辑谬误。我们在沟通的过程中一定要注重倾听，在听的过程中尝试着一步步解析对方的意图，分析对方话里的逻辑。在没弄懂对方的逻辑前，多听少说，切记不要一味表达，而忘记聆听。

答非所问，对方在掩盖什么

在真实的言语交际中，面对同一个问题，人们可以有不同的解答方式。人类使用语言的过程相当于人类对语言不断做出选择的过程。大多数的问题都是没有标准答案的，因此我们经常会遇到这样的情况，那就是人们往往会言此意彼、答非所问。

答非所问这种语言技巧经常被运用在气氛尴尬的时候，为了顺利缓和气氛，人们常常会用答非所问的方式转移大家的注意力。有的人答非所问，是想将答案隐藏在字里行间，我们可以根据其语境等来推断出回答者内心真实的想法。有的人答非所问，却是为了故意隐瞒一些事实，企图混淆人心或者蒙混过关。

答非所问，对方到底在掩盖什么？我们可以来简单分析一下。

思源是个工作狂，这段时间公司接了个大项目，思源每天早出晚归，一心都扑在了工作上，根本没时间陪伴女朋友青青。青青对此诸多抱怨，动不动就责怪思源没把她放在心上。到了青青生日那天，思源好不容易请了一天假，两个人虽然一整天都腻在一起，青青却明显感觉到思源心不在焉，老是答非所问。

吃过露天晚餐，两人漫步在河岸边，微风习习，灯光璀璨，青青挽着思源的胳膊，微笑着回忆起了两人相识之初的浪漫时光。两人是大学情侣，毕业后一同来到这个城市工作，一有空就腻在一起，一起出去旅游，一起宅在家中……青青不停地诉说着，脸上满是追忆的神色，思源一直在应和着。

突然，青青问道："你还记得我那天穿的是什么衣服吗？"

思源愣住了，他支支吾吾道："你穿什么都好看……"

青青停住了脚步，皱起了眉头："思源，你是怎么回事？你今天一天都心不在焉！"

思源连忙解释道："我没有，真的没有……"

“我看你心里根本就没有我！”青青越想越气，甩开了思源的胳膊，大步向前走去。

思源追上青青，好说歹说还是没能让青青开心起来，最后思源一急，便说了实话：“青青，你又不是不知道，我那个项目到了紧急的关头，我心里着急，老是怕出纰漏……”

听了思源的回答，青青更生气了：“赵思源，如果你不想陪我过生日，为什么不直接说？你人是在这里，可你心去哪儿了！”

面对青青的质问，思源无言以对……

案例中的思源为何总是答非所问？那是因为他一直都心不在焉，根本没有听清楚青青说的是什么，所以才用答非所问的方式掩盖自己的走神。在与人沟通的过程中，如果对方总是答非所问，我们应该敏锐地意识到，对方有可能根本就没有投入到这整场对话中去，他只是在一心盘算着自己的事情而已。

晓慈和丹丹这对发小自从上了不同的大学后，关系越来越疏远。有一天晓慈突然看见丹丹在朋友圈里发了一张和大学室友同游黄山的照片，看着照片上笑容灿烂的丹丹，晓慈心里颇不是滋味。高三的时候，她们相约，有时间一定要同游黄山，欣赏云峰奇石的美景。后来两人忙着升学、交友，都将这个约定抛在了脑后。

晓慈想了想，便在微信上问丹丹：“好久不见，我想你了，什么时候咱们一块吃顿饭？我看就这个礼拜六吧。”

一直到晚上，丹丹才回复晓慈：“我今天去图书馆泡了一天，明天要去参加学生会的活动，对了，忘了告诉你，我加入学生会了！每个周六日都会参加义工活动呢！”

晓慈感到有点无奈，丹丹回了那么多，却并没有正面回答自己的邀请。

案例中的丹丹为什么要答非所问呢？实际上，丹丹并不想同意晓慈的邀约，但是碍着多年的情分，却不知道怎样当面拒绝才不会伤害晓慈的感情，她啰哩啰唆地说了一大堆，无非是想掩盖自己的本意。

地理课上，王老师突然问了一个问题："有谁知道汉水发源于哪里吗？"小兰静悄悄地低下了头，她并不知道这个问题的答案，生怕老师问到自己。谁知道王老师环视一圈后，看见坐在角落里低着头的小兰，还以为她在打瞌睡，便点名让她起来回答问题。

小兰慢腾腾地站了起来，一脸为难的神色。"汉水发源于哪里？"王老师瞪着小兰，重新问道。周围鸦雀无声，一颗汗从小兰的额头上渗了出来，小兰尴尬极了，只好无奈地回答道："汗水发源于额头……"

全班哄堂大笑，连王老师也忍不住笑了起来。

案例中的小兰为何答非所问呢？面对老师的提问，小兰之所以答非所问是因为她根本就不知道正确答案，为了消解尴尬她只好故意而为之。

一天晚上，民警大力在辖区内巡逻盘查的时候，突然看到男子张某神色慌张，形迹可疑。大力觉得这个人一定有问题，他果断地拦下该男子，详细地盘问起来。

“你在这里干什么？”大力严肃地问道。

“我，我……”张某支支吾吾，“我没干什么啊，我刚刚就是从那边走过来的……”

“那你要去哪儿？”

“我哪儿都不去，我有事，等朋友呢……”张某脸涨得通红。

大力看着张某，发现张某的腿甚至都微微抖了起来，他不假思索，将张某带回了不远处的派出所进行询问。

经过一番盘问，张某终于将自己的犯罪事实全部都交代了。原来那天晚上他去一家网吧上网，突然发现旁边的座位上有好几个人正呼呼大睡，而他们的手机和钱包都放在桌子上。张某正好缺钱，他自认发财的机会来临，便小心翼翼地拿走了那些昏睡着的人的手机和钱包，悄悄地溜出了网吧。谁知道，还没走远便碰上了民警大力，这才被逮到了派出所。

案例中的张某面对大力的询问，为何要答非所问？只因他做贼心虚，想要掩盖自己的犯罪行为，谁知道他的反常行为反而引起了大力的注意。

第六课

逻辑思维能力是可以练就的

培养逻辑思维，第一步是要集中注意力

逻辑思维能力是指正确、合理思考的能力，而这种能力是可以通过后天的训练得来的。所谓熟能生巧，哪怕天生不擅长数学的人，解题解得多了，也可熟能生巧。逻辑思维也是一样，通过后天的培养和逐步训练，普通的人也可以蜕变成一个逻辑思维能力强的人。

逻辑思维是人脑的一种理性的活动，人们在接触到客观事物的时候，为了提高自我对外界事物的认识，会自发地运用判断、推理等一系列思维方法来帮助自己清晰识别，这就是人们运用逻辑思维能力认识世界、探索世界的过程。

一旦逻辑思维能力得到提升，人们分析谬论、揭露诡辩的能力以及语言表达能力，或是理性素养都会同时得到大幅度提升。逻辑思维比我们想象的要重要得多。想要培养逻辑思维，第一步就是要集中注意力。

在逻辑思维的训练中，应分外重视注意力是否集中。只因注意

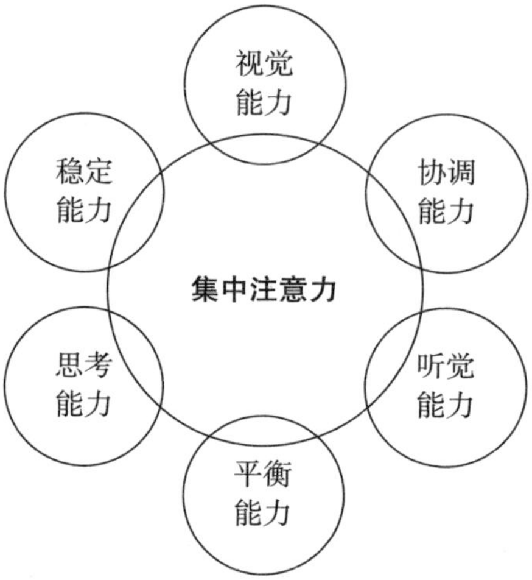

注意力集中需要的种种能力

力是一种非常关键的能力，甚至可以关系到训练的成败。只有注意力高度集中，你才能一步步培养出强大缜密的逻辑思维。如果三心二意不断走神，无论耗费多少时间，也只会在原地转圈毫无进步。

注意力，指的是人的心理活动的指向或者人关注某一事情的能力。只关注局部是没有用处的，它要求你站在全局的角度对事情的方方面面都了然于胸。比如说，当你坐在课堂上听老师讲课的时候，你并不能只关注老师的形体、相貌或者老师说出的某一句话，而是要将注意力倾注到老师悉心传授的所有的知识点以及板书等各方面的内容。

之所以说集中注意力是培养逻辑思维能力的第一步，是因为注意力是人类智力的有机组成部分。心理学家在经过系统研究后发现：有意记忆的效果比无意记忆的效果要好得多。可见，保持高度集中的注意力，对于保持理性冷静的逻辑，对于分析问题、解决问题来说，是必不可少的条件。

患有多动症的孩子大多爱走神，爱左顾右盼，小动作多。他们没有办法在较长的时间内对同一件事物保持足够的注意力。多动症的全称是“注意缺陷多动障碍”，患有多动症的孩子明显比普通的孩子要暴躁冲动得多，不仅有着明显的学习困难，还有着逻辑思维混乱、口语表达能力不清晰等多方面的缺陷。

李蓓的儿子今年刚上小学四年级，虽然从小就被人夸相貌清秀聪明伶俐，但是李蓓发现儿子很少能够集中注意力去做一件事情，无论做什么都特别容易分心。这不，这学期才刚一开始，儿子的班主任就已经前前后后找了李蓓四五回，回回都强调李蓓儿子上课爱讲话，小动作很多，注意力很不集中，还总是影响周围的同学听课。李蓓听了班主任的抱怨，觉得很难堪，虽然每次都将儿子领回去教训一番，儿子却总也改不了这个毛病。她思索良久，为儿子报了各种各样的训练班，希望能改进他好动、注意力不集中的坏习惯，但是效果却不大。

想要保持高度集中的注意力，我们就需要关注注意力的稳定性、持续性、轻松性这三大问题。

注意力的稳定性指的是，当我们对某项事物必须投注精力的时候，就要从头至尾都保持一贯的态度，不能受其他事物的影响。当你看书的时候，就要将注意力投注到书中的内容上，不要一会儿摸摸鼻子，一会儿看看窗外飞进来的蛾子；当你练习书法的时候，就要潜心研究笔法，不要一会儿拉着别人说说话，一会儿又放下毛笔临时去做别的事情。

注意力的持续性指的是，当我们对某项事物必须投注精力的时候，起码要在某一个时间段内保持连贯性，不要眼睛盯着面前的书本，脑子却一刻不停地走神。就算你再怎么强制性地拉回注意力，注意力一旦断断续续，肯定是起不到好的效果的。

注意力的轻松性指的是，当高度集中的注意力保持的时间越来越长的时候，我们的大脑就会越来越疲倦。而长久紧绷的大脑带来的高度集中并不一定有良好的效果。有的人注意力高度集中的时候就会紧张，一旦过分紧张，反而不利于发挥。轻松状态下产生的注意力却能带来积极作用，也更容易保持。

就像开车，新手开车的时候很紧张，不管是大脑还是身体都绷得紧紧的，生怕出错，而老司机开车的时候却十分放松。一个是精神高度集中、极度紧张的状态；一个是轻装上阵、身心放松的状态，遇到紧急状况的时候，后一种人更能够保持清醒的头脑和冷静的判断。

礼拜五晚上，邓丹正在办公室里批改作业的时候，接到了一位学生家长的电话，电话那头的家长声音急切："邓老师，我是于梅的母亲，不知道是怎么回事，我家于梅今天回来后就很不对劲，情绪十分低落，还说再也不想住在学校宿舍了，想搬出去租房子住。我心里很担心，害怕她在学校里发生什么事情，就打电话来向您了解一下。"邓丹听了很愕然，在她的印象里，于梅一直表现乖巧，学习成绩各方面都很优秀，唯一有点不足的是，于梅似乎很孤僻，平时总是独来独往。邓丹将于梅的母亲安慰了一番后，承诺会多关心于梅。

第二天早操的时候，于梅鼓足勇气叫住了邓丹老师，向她表达了想要在外面租房子住的意愿。邓丹将于梅叫到了办公室，亲切地询问她是怎么回事，于梅看起来情绪不太好，犹豫良久后，终于吐露心声，原来几天前于梅刚刚和宿舍里的舍友们大吵了一架，于梅觉得很委屈，再也不想和她们住在一起了。说到最后，于梅哭了起来："不知道为什么，她们各个都排斥我……"邓丹耐心地安慰着于梅，终于将她的情绪稳定了下来。

放学后，邓丹特意将于梅的几个舍友叫到了办公室，向她们了解情况。舍友们七嘴八舌地说了起来，她们觉得于梅作为一个成绩优秀的学生，实在是太高傲了，尽管大家在一开始都想和她搞好关系，但是和她相处不久，就发现于梅这个人太以自我为中心，总是表现得目中无人，惹人讨厌。其中一个女孩说："不管你和于梅聊什么话题，她总是心不在焉的样子，表现得很不感兴趣，久而久之，就没人喜欢跟她说话了。"

邓丹皱了皱眉，又叫来了于梅，侧面将舍友们的心声委婉地讲给了她听，于梅愣住了，辩解道："虽然我确实很容易在聊天的过程中分心走神，但那是因为她们的话题实在是太没意思了，怎么能因为这个理由排斥我呢？"邓丹语重心长地说道："于梅，一旦你走入社会后就会发现，想要在社会上站稳脚跟，就要重视人际交往和沟通的能力，如果你在与人交谈的过程中不能够保持足够的注意力，你一定无法倾听对方的心声，一定无法拉近与对方的距离，这样的你，如果不去做出改变，就很难适应社会。"

保持足够的注意力，是与人交流、沟通的第一步。想要理顺己方的逻辑，想要弄懂对方的逻辑，更缺少不了注意力，这是至关重要的。

培养逻辑思维，少不了培养观察力

培养逻辑思维，第一步要集中注意力，第二步要注重观察力的培养。注意力和观察力联系紧密，互为因果相辅相成，训练观察力的时候有利于注意力的集中；而注意力高度集中的时候，观察的能力也会大幅度提升。

法国雕塑家罗丹曾经说过：生活中不是缺少美，而是缺少发现美的眼睛。俄国著名作家冈察洛夫说：观察和经验和谐地应用到生活上就是智慧。可见，面对这个变幻多端的世界的时候，缺少观察力，也就意味着我们会错过很多别致新奇的体验。

人类认识客观现实都是从观察开始的。观察是一种带有目的和计划，全面认识某种对象的"知觉"过程。艺术家擅长用审美的眼光观察生活，这对于他的艺术创作极有裨益。而作为普通人的我们，想要练成强大的逻辑思维能力，就不能放松对观察力的培养。

实际上，观察是人们对现实世界感性认识的一种主动形式，而作为人们智力的一个重要组成部分的观察力并非与生俱来。

观察力是一种对事物进行分析、归纳、综合的能力，是人们在后天的学习过程中、生活实践中逐渐培养出的高超判断力和卓越的观察力。

观察力的培养是一个循序渐进的过程。从孩童时期，家长就应督促孩子养成认真观察身边各种现象的习惯或兴趣，细心积累各种感性认识，直到将其变成一种能力。而在逐渐成长的过程中，我们也不能轻易地放弃由观察带来的独特体验。为了提高自己的观察能力，我们在观察的过程中需要注意以下几点：

- 我们在对某一事物进行观察的时候，一定要确立观察目的，带着目标去观察。想要将注意力集中在事物的主要方面或者其他有效的信息上，想要在短的时间抓住事物的本质特征，我们一定要带着明确的目的，再着手进行观察。如果你想知道对方的身份背景，不妨多注意对方的衣着打扮，行动谈吐；如果你新开了一家水果店，想了解同行是怎样进行店面布置的，只需要侧重去观察这一点即可，既省时间又省精力。

带着目的进行观察，你才会对自己的观察结果提出要求。如果你漫无目的，左顾右盼，敷衍了事，你的观察力非但得不到提升，还会日趋退步。想要让自己的观察行为发挥出最大的效果，就要明确观察目的。

● 在对面前的事物进行观察前，可以先制订出计划。我们可以花个几十秒的时间在脑海中细细盘算一下，先观察什么后观察什么，列出一份隐形的清单后再按部就班、系统地去观察。

如果一开始你并没有掌握在脑海中列写清单的能力，不妨先用纸笔记录下来，时间久了，你自然会形成这样一个好习惯，并训练成在脑海中列清单的能力。观察的时候不要毫无计划、盲目进行，这样很难会有收获。

● 要培养浓厚的观察兴趣。培养观察力的重要前提条件是培养浓厚的观察兴趣。只有兴趣充足，人们在观察的过程中才会一直保持着足够的耐心和专心，才会全神贯注地去进行多层次的、深入的观察。

有的人对神秘莫测的太空世界怀着浓烈的兴趣，他便能持续保持着观测星空的热情，并不断查阅资料，坚持撰写日记与心得；有的人喜欢花草植物，他们便能耗费巨大的精力日复一日地去观察植物从发芽到发育、开花、成熟的一系列的过程。兴趣是最好的老师，保持足够的兴趣，我们的观

观察的方法					
全面观察法	对比观察法	直接观察法	间接观察法	重点观察法	解剖观察法

察力才能持久、才能深入。

培养逻辑思维，离不开培养观察力。想要提高观察能力，就要有良好的观察方法。有的人逻辑思维能力不突出，观察能力也很逊色，大多是因为他们缺少生活经验，本身性格又太过粗心，观察事物的时候经常抓不住事物的本质，毫无逻辑又杂乱无章。

我们在成长的过程中，可以多多培养良好的观察方法，并有意识地运用到现实生活中去，逐步提高自己的观察能力和逻辑思维能力。

全面观察法。指的是在观察的时候要兼顾事物的方方面面，力求观察得全面清晰。

重点观察法。指的是在观察的时候怀揣着某种特殊的目的和要求，重点观测事物的某些特征。

直接观察法。指的是我们为了观察到真正有用的信息，需要深入实际，亲自上手来获取有效信息。

间接观察法。很多时候，我们通过直接观察是得不到有效结论的，这时候我们可以采取间接观察法，挖掘出一些隐藏的信息，或者利用他人观察成果，总结出深刻的结论。

对比观察法。当我们需要观察的对象并不只是特定的某一个时候，将这两个或者多个观察对象进行对比，根据相似点和差异性再得出结论。

解剖观察法。当我们的观察对象太过复杂，结构太过混乱的时候，这种观察方法经常会被运用到。我们可以尝试着将观察对象解剖成几个不同的部分，再在每个部位中圈出重点，逐一进行观察。

培养逻辑思维，必须激活创造力

创新是人脑进行高度精确复杂思维的结果，那么逻辑思维能力与创造力之间又存在着什么样的关系呢？

可以这样说，逻辑思维能力几乎决定了一个人的创造力、想象力、理解能力和表达能力以及解决问题的能力。逻辑思维能力决定了你的创造力，两者的关系又是相辅相成的。与此同时，创造力对于逻辑思维能力来说也显得至关重要。

思路决定出路，出路决定结局。想要拥有强大缜密的逻辑思维，必须开阔视野打开思路，最大限度地激发自己的创造力。

甲和乙都是鞋厂的销售员，他们先后被厂里派去一个封闭的小山村里卖鞋。甲一到达这个小山村就惊呆了，村里老老少少，都赤着脚行走在泥土地上，他们见到销售员脚上穿的鞋子反而流露出疑惑不解的神色。甲只待了一个上午就沮丧地坐上大巴，头也不回地离开了小山村。在大巴上，他给厂里的领导打电话说："这不是坑人吗？这儿的人都不穿鞋子，这鞋怎么卖得出去？"

厂里随后又派乙去了这家小山村，乙一到小山村脸上却流露出了欣喜若狂的神色，他立马打电话给厂里说："赶紧多派几个人来，多运点鞋子过来，这个村里的售鞋市场实在是太大了，要是全村老少每人一双鞋，那该多少双鞋啊！"

案例中的甲和乙，面对的是同一种情况，却拥有两种不同的思维，实在让人感叹。甲思维僵硬、墨守成规，以致错失商机；而乙思路开放创新，聪明地看到了市场的潜力。

激活创造力，你的逻辑思维能力才会“水涨船高”，不断强化、升华，最终形成一整套无懈可击的“逻辑思维圈”。我们始终强调，逻辑对人的思维来说，能够起到规范作用。清晰明了的逻辑能让人对事物的认识更深刻、更理性，也会让人的思维更全面，处理问题的时候也就更游刃有余。

但是令人遗憾的是，逻辑学这样一门十分重要的学科在当前的社会并没有得到足够的重视。这使得我们周围大部分普通人都缺乏基本的逻辑常识，更缺少基本的逻辑思维的训练。早在2003年，国内十多位著名的逻辑专家和语言专家就向大众呼吁，一定要重视社会生活中逻辑混乱和语言失范等多种现象。

在这种情况下，人们遇到问题的时候，总是会不由自主地用最原始的思维习惯来思考，而通过僵化老套的思路得出的结论往往与事实相去甚远。想要改变这种情况，我们要注意培养自己的创新思维，摒弃那些陈旧的观念，尝试着换个角度看待问题。

制订完美的学习计划，生活中处处留心

在现实生活中，逻辑错乱、思维混乱的现象实在是太普遍了。有的人将逻辑思维能力与智商混为一谈，认为两者之间并无区别，其实这种观念并不十分正确。

逻辑思维能力的范畴太广泛了，它包括你看待问题的思路和角度，包括你待人接物的一贯方式，包括你的生活常识或是文化常识。

所以前文说，逻辑思维能力强的人与聪明的人是两码事。

如果一个人的智商很高，很聪明，却没有基本的常识，生活中也会出现很多障碍。而逻辑思维强的人无论是学习或者是工作，都能够想明白、做明白、说明白，无论处于任何境遇，他们始终能够保持着清醒的头脑和圆满处理问题的能力。

逻辑思维能力对于我们每个人的人生都有着极其重要的作用，一个人成功与否，与他的思维方式有着直接的关系。所谓“只有想到，才能做到，只有想好，才能做好”。逻辑思维能力不过关的人，往往思路混乱、表达矛盾，而清晰独到的逻辑思维才是成功的关键性因素。

想要训练出强大的逻辑思维能力，平日里不妨勤于思考，善于积累，生活中处处留心，同时为自己制订完美的学习计划。

做事有条不紊的人习惯做什么都得事先制订一个计划，将这个好习惯保持了一生的人，亦终身受益。那么，制订学习计划对于逻辑思维能力的培养有什么好处呢？

制订完美的学习计划，能够提高我们的学习效率，节省时间和精力。想要逻辑思维能力得到明显的提高，仅靠一朝一夕是远远不够的，这是一个漫长的过程，需要为自己制订完整而有效的学习计划，扎稳基础、循序渐进。

有的人像个无头苍蝇一样盲目乱撞，既没有明确的培训目标，也没有清晰的前进方向；有的人三天打鱼两天晒网，既不够耐心也不够专心，这两类人注定不会有收获。而制订详细的学习计划却能够解决这个问题，将计划写在纸上，记在心里，时刻提醒自己，注重积累，注重一点一滴的进步。

制订完美的学习计划，能够帮助我们形成更好的学习习惯。

计划使得我们的生活井井有条，节奏分明。当我们一步步依照着学习计划有目的地进行训练，通过各种途径想方设法地提升逻辑思维能力的时候，久而久之，我们的行动也会变得越来越自觉，与此同时，我们也就慢慢养成了良好的学习习惯。

计划帮助我们合理安排时间和任务，而制订计划之后，并不意味着就此万事大吉，这反而是努力的开始。计划意味着实现目标的蓝图，而这个目标需要我们一点一点地耕耘，一点一点地攀登，脚踏实地，留心生活，方能有所收获。

周丽从小就生活在自卑的情绪里，觉得自己既不漂亮也不聪明，实在是平凡至极。直到 17 岁那年，她听了一位资深语言逻辑专家的讲课后，才恍然大悟，意识到想要将自己的生活打理得井井有条，缺少不了逻辑思维的力量；想要最大限度地发挥出自己的潜力，缺少不了逻辑思维的力量；想要摆脱现实的泥潭，变得越来越优秀，缺少不了逻辑思维的力量。

周丽为自己制订了一份详细的改变计划，依照计划的内容，她每天都为自己开辟出一大块时间去掌握各种各样的新知识，这些知识既包括逻辑学上的概念又包括生活中的各种常识和原理，包罗万象。在计划表中，周丽也设定了专门的时间去训练逻辑思维能力，她为自己收集了各种逻辑训练的方式，再逐一尝试，为了掌握技能孜孜不倦地努力着。

在生活中，周丽处处留心，既耐心观察、模仿他人良好的表达方式和沟通技巧，又严格要求自己，尽量让自己口中吐出的每一句话都富有条理和逻辑。两年的时间一晃而过，大家都看到了周丽的改变，她的口语表达能力进步显著，总是条理清晰而又重点分明，同时，她思考问题的方式也渐趋理性和成熟。周丽为自己的进步欣慰不已，但是她没有满足于现有的成绩止步不前，反而又制订了另一份学习计划，再接再厉地打磨自己。

那么，想要提升逻辑思维能力，我们又该制订什么样的计划呢？

- 为自己安排任务，逐步训练自己的注意力、观察力、记忆力、想象力、创新力以及推理能力，还可以撰写心得日记，记录下自己的缺陷不足之处或者一点一滴的进步。

- 一边看各种有关逻辑思维的书籍，一边积极参加各种实践活动，在书本中积累理论知识，在生活中获取实践经验。将这两者结合起来，终有一天你会变成一个逻辑强大，思维缜密的人。

- 有意识地改变语言习惯，在平日的生活中时刻提醒自己要使用精确的语言去进行沟通，力求做到条理清晰，言必有据。我们表达之前，先要尝试着整理思绪，再组织语言，这些准备工作会使得我们说出的话重点突出、更富条理。在这个计划被慢慢实施的过程中，我们很快就会练成“一边思考、一边组织语言、一边表达”的能力。

- 有意识地改变思考问题的方式和角度。当一个陌生的问题摆在面前的时候，我们要尝试着改变或颠覆以往固定的思考问题的模式，先将问题分好几种情况考虑清楚，再尝试着从不同的侧面进行分析，最后列举出若干种解决问题的方式，权衡利弊后，再选出一条最适合的解决途径。

L O G I C 3

思维的一百面，造就不同的成功方式

第七课

思维的形象与抽象，归纳与发散

形象思维：无师自通

逻辑思维又称理性思维，指的是一种理性的认识过程，即人们在认识事物的过程中运用概念、判断、推理等一系列思维形式反映客观现实模式，逻辑思维反映的是认识的高级阶段，即理性认识阶段。通过逻辑思维，人们才能把握具体的认识对象的本质和规律，才能逐渐加深对客观世界的认识。

在逻辑思维中，形象思维是被人们运用得最普遍，也是被人们认识得最深的一种思维方式。我们用感官认识事物的时候，首先出现在脑海里的是“形象”这个概念，这就决定了事物的“形象”总是与我们的感受联系在一起。

而逻辑学中的形象思维指的却是我们对于客观存在的事物的一般性认识过程，它与感受和体验没有太大的关系，主要指的是一种相对理性的理解。

人们在认识世界的过程中，一般会用事物的直观表象来作判断、下定义、解决问题，这就是形象思维的实质和内核。可以说，每个人从一出生，就能无师自通地运用形象思维，它是一种最基本的思维方式。

典型的形象思维

想要彻底认识形象思维的内涵，我们就应详细了解一下形象思维的四大特点：形象性、非逻辑性、粗略性、想象性，这能够帮助我们更好地理解形象思维。

形象思维基本的特点是形象性，形象思维表达的工具和手段包括图形、图像、图式或者各种形象性的符号。当我们在运用形象思维感知事物的时候，形象性会使得眼前的事物更生动、更直观，形象性也会使得眼前的事物完整地拓印在我们的脑海里，并因此形成一个全面的印象。

非逻辑性是形象思维不可忽略的特点之一。当我们运用形象思维对面前的事物进行信息加工的时候，我们的大脑会不由自主地调动起很多形象性材料，并在瞬间组合成新的形象。这种思维过程是不连贯的、跳跃式的，并不一定会遵循着特定的逻辑。通过形象思维获得的结论一般需要进一步地证明和实践，才能检验出其正确性。

形象思维具有粗略性的特点，遵循形象思维，最终得到的结果可能是粗线条的、概括性的，当我们运用形象思维来解决问题的时候，得到的结果往往并没有那么精确，常常损失很多细节。

形象思维最后一个重要的特点是想象性。当我们运用形象思维去看待事物的时候，脑海中往往会联想到很多其他事物，而眼前的事物也同时会被我们的大脑处理成新的形象，并赋予新的意义。想要通过形象思维解决问题，丰富的想象力是必不可少的。

形象思维又被称为“直感思维”，它是人的一种本能思维，人一出生就能无师自通地运用形象思维来考虑问题。但每个人对于这种思维的掌握程度并不相同，拥有杰出形象思维的人有着丰富生动的想象和饱满热烈的情感，他们在处理事情的时候会更有效率，为人可能也会更感性。

利用形象思维来思考问题，主要有模仿、想象、组合、移植这四种方法。人类史上很多发明创造都与形象思维中的模仿法则分不开，比如说人们模仿飞翔的鸟发明了飞机，模仿蝙蝠发明了雷达。而想象法指的是当我们面对具体事物的时候，先不考虑面前事物的实际情况，而将该事物缩略成更简单、更理想的形象。

组合法指的是从不同的事物中抽取一些要素进行排列组合，以此构成新的事物；而移植法则是将某一个领域中的技术、方法等要素移植到另一个领域中去，从而产生新事物的思维模式。

张维是一位商品包装设计师，他最清楚，现代商业包装的设计大都建立在形象思维的基础上，可以说，以保护商品为功能和促进商品销量为目的的商品包装设计都离不开形象思维活动。他总是跟下属强调，在商业包装设计的过程中，一旦缺少了形象思维，商业包装设计组合的过程一定不会那么顺利。

为了提升自己的形象思维能力，张维始终对周围的事物保持着浓厚的兴趣，他一边用心观察，一边尝试着将身边抽象的概念具象地表达出来。同时，张维很注重培养自己的想象力，每当他看到飘浮在天空中形象各异的云朵时，总是充分地发挥想象力，将一朵朵白云想象成各种各样的东西。

形象思维这种用直观形象和表象来解决问题的思维也有突出的优势，下面我们来具体分析一下。

● 形象思维是一种学习成本很低的思维。

人在一出生就能无师自通地运用形象思维来思考问题，任何人都在毫不费力地进行形象思维。形象思维相对于抽象思维等其他概念性思维方式而言要好掌控得多，提升的途径和方法也很多。想要完全地激发形象思维，我们需要付出的学习成本是很低的。

● 形象思维有着快速灵活的优势。

生活中的突发事件实在是太多了，意外随时都会降临，这时候，拥有快速灵活优势的形象思维要比其他概念推理的思维方式靠谱得多。比如说，当面对疾驰而来的汽车时，我们根本没有时间盘算逃跑方案，只能将一切生的希望寄托于形象思维，只要我们的感官足够灵敏，只要我们记忆中储存的形象足够丰富，我们就能在一瞬间运用形象思维来拯救自己。

● 形象思维容易触发情感，而这些情感会让生活更加丰富，让我们的生命更充实。

情感丰富的人大多有着突出的形象思维，反过来说，形象思维更容易触发人们的情感。而思维方式趋向于其他概念性思维的人相对于形象思维杰出的人来说，更偏于理性，也就更容易情感匮乏。拥有着强烈的喜怒哀乐等情绪的人虽然比较容易情绪化，却也更容易感受人生的美好，体验生命中充沛的情感。

形象思维比较具体真实。

概念性思维很难在现实生活中找到具体的对应物，而形象思维却能够带来具体、真实的感受。当我们观看一幅形象思维画作和抽象思维画作的时候，感受是极为不同的。所以说，形象思维具有鲜明的真实性。

抽象思维：用概念揭露本质

在逻辑学的范畴里，抽象思维指的是人们在认识活动的过程中，利用概念、判断、推理等思维形式，借助语言符号等对客观现实进行概括、定义的过程，简言之，它是用概念揭露事物本质和其规律的一种思维方式。

抽象思维能力在人类的认识性实践活动中占据着主导作用，人在接触外部事物时，人脑会利用抽象思维对正在接触的事物进行一系列的分析、推理与判断，并给予概念化，用概念揭露其本质。

艺术家、数学家、生物学家、物理学家一同来到河边的草地上，望着蓝天碧水和不远处的两只白羊，感受着轻柔的风、清新的空气，四个人都发出了不同的感慨。

生物学家说："雌雄双羊，便可让生命生生不息地延续下去。"

物理学家说："大羊瘫倒静卧，小羊匀速漫步。"

艺术家说："一望无际的蓝天，波光粼粼的湖水，如同海浪般的野草，还有这悠闲安静的白羊，一派和谐静谧之景象。"

数学家说："1+1=2。"

在上述的案例中，生物学家关注的是生命，物理学家关注的是运动和静止，艺术家关注的是美景和氛围，而数学家却从河边的景色、白羊的状态等中抽离开来，关注了数量关系：1+1=2。

具有良好的抽象思维能力的人总能够从事物的表面特征看透其本质；他们大多理性胜过感性。他们善于分析，能够抽丝剥茧地将复杂的事物分解成特定的几个部分并迅速地掌握这几个部分中的主要特征，从而将隐藏在事物内部的属性一一"揪"出来。可以说，具有抽象思维的人，看待事物的方式会更加深入具体。

现实生活中，很多人分不清楚形象思维和抽象思维的区别，经常将二者混为一谈。如果要用一句话总结出二者间最大的区别，可以这样说：形象思维是用眼睛所能感受到的直观形象和表现解决问题的思维；而抽象思维则是对客观现实的一种以概括揭露本质的过程。相对于形象思维而言，抽象思维要间接得多。

课堂上，站在讲台上的老师侃侃而谈："抽象思维和形象思维有着本质的区别，利用抽象思维和形象思维进行信息加工的时候，所使用的基本单元是截然不同的。"

学生们面露疑惑："有什么不一样呢？"

老师顿了顿，回答道："抽象思维的基本单元是概念，而形象思维的基本单元是感性形象，这就是它们最大的区别。"

学生们的疑惑更深了。

老师想了想，拿起了粉笔在黑板上写下："一个苹果＋一个苹果＝两个苹果"，停顿一会儿后，又在黑板上写下"1+1=2"。

接着，老师解释道："简单来说，前者是形象思维，后者便是抽象思维。"

我们都听过牛顿被树上掉落的苹果砸中，从而发现万有引力的故事，但是大概并没有多少人了解伟大的科学家牛顿经历了怎样的思维过程，下面让我们来结合这个故事分析一下形象思维和抽象思维的区别、包括各自的重要性。

坐在苹果树下苦思冥想的牛顿突然被树上掉落的一颗苹果砸中了脑袋，看着掉落在脚边的苹果，摸着生疼的后脑勺儿，牛顿突然恍然大悟。很长一段时间里，牛顿一直在为宇宙中一股神秘的力所苦恼，他认为，太阳系中的行星之所以会围绕着太阳旋转，源于一股并不为人知晓的力。那么，这到底是怎样的一股力呢？

偶然降落的苹果彻底砸"醒"了牛顿，他突然想到，为什么熟透的苹果一定要降落而不会飞上天呢？为什么所有的物体都是从高处向低处坠落的呢？这是不是能说明地球有着一股强烈的吸引力呢？如果这股力存在，它是否同样对月球也起作用呢？

由此延伸开去，牛顿想到了开普勒和伽利略曾提出的学说，他的眼前似乎出现了缥缈无垠的宇宙太空，运转不息的月球，以及深邃湛蓝的地球，而在它们之间，似乎出现了一股相互作用的无形的力……

牛顿因这次突如其来的灵感，投身到了复杂的计算中，希望验证自己心目中的猜想。7 年过去了，经过了无数的失败后，三十而立的牛顿终于将"万有引力定律"验证成功，这一奠定了埋论天文学、天体力学的成果震惊了世人。

牛顿能够看到苹果坠落在地，并将其与月球联系起来，运用的是形象思维，而飞速地将这背后的原因归纳于引力，将这种地球引力拉着苹果下落等同于地球拉着月球，使得月球围绕地球运动，运用的却是抽象思维。将形象思维和抽象思维结合起来的牛顿，成功地从一颗普通的苹果身上挖掘出了一条伟大的定理。

具有抽象思维的人十分具有创造力，他们通常思维敏捷、活跃，联想能力极其突出。在学习和运用抽象思维的过程中，有必要注意以下这几点：

努力学习基本的科学概念和生活中运用普遍的理论，熟悉各种逻辑体系。这些相当于常识性的知识会为我们逻辑思维打下坚实的基础，对我们形成抽象思维意义重大。

较好语言能力极其重要，它是我们逻辑思维能力的关键，拥有完美的逻辑思维的人说话永远条理分明、重点突出，十分善于用各种巧妙的方式传情达意。掌握一整套完备的语言系统，是逻辑思维训练极为重要的一环。

在日常生活中，主动训练自我思维，逐渐形成良好的思维习惯并重视各种科学符号、语言符号的学习与运用，使得你的知识更丰富、脑力更活跃。

有针对性地运用抽象记忆法、理解记忆法及其他有效方法来训练，促进自我抽象思维形成定式。

形象思维一般用图画来表现事物，而抽象思维却会用概念来表现事物。若要运用形象思维表达事物之间的联系，一般与图画的变换有关；而抽象思维若想表达事物之间的联系，自然与概念间的变换有关。形象思维有一定的局限性，因为总存在着更多的宏观或者微观的世界是人类的感官无法涉及的，而抽象思维却很好地弥补了这一局限，它用概念揭露本质，用概念直指核心，使得人们的认识更清晰、更深刻。

归纳思维：概括总结的思维

逻辑思维中，存在着一种不容忽视的思维方式，那就是以概括总结、“从个别到一般”为主要特点的归纳思维。归纳思维又可称之为归纳推理，它是站在个别事物的基础上，推导出一般知识结论的思维形式。

归纳思维是一种使用率超高的逻辑推理形式，将归纳型思维运用到日常生活中，所能够产生的效果远远大于人们的想象。归纳思维，有着“从个别到一般”的特点，“个别”指的是单个的、特殊的事物，而“一般”指的则是普遍性的、包括无数个别的整体。“个别”与“一般”有着无法分割的紧密联系，它们相互依赖、相互依存。

由个别性知识推导出一般性结论是归纳推理的基础，也是人们认识事物的一种特殊的途径。而根据不同的考察对象的范围，归纳推理又可以划分为“完全归纳推理”和“不完全归纳推理”这两大类。

对于完全归纳推理来说，它会根据某类事物每一个特定的对象都含有某种特殊的属性而推导出该类事物都具有这种特殊属性的结论。

完全归纳推理可以论证新的成果，对人们认识事物起到十分重要的作用，但是这种推理方式一般适用于本身数量不多的事物，当我们所要考察的事物数量极其繁多，甚至数也数不清的时候，完全归纳推理的方式就变得很不合适，这时候，不完全归纳推理便成为人们另一种有效的选择。

不完全归纳推理指的是对某类事物的某部分对象是否具有某种属性做考察的推理。不完全归纳推理又可以细分为简单枚举、归纳推理和科学归纳推理。其中，前者指的是观察某一类事物的某部分对象，如果这部分对象都具有某种属性，且没有遇到任何反例，则可以得出该类事物存在着该种属性的结论。

比如说，“哥德巴赫猜想”一直有着“数学王冠上的明珠”的美誉，200 多年前，德国数学家哥德巴赫有了一个重要的发现：很多奇数都分别等于三个质数之和。哥德巴赫不可能列举出所有的奇数去证明这个发现，他只能选取一些典型例子，提出猜想：所有大于 5 的奇数都可以分解为三个质数之和。

数学家欧拉对哥德巴赫的猜想做出了肯定，并提出“大于 4 的偶数都可以分解为两个质数之和”的补充。这两个猜想运用的都是简单枚举归纳推理的方法，即从特殊案例出发，用特殊规律佐证普遍性规律，因此被人合称为“哥德巴赫猜想”。

生活中有很多运用简单枚举归纳推理的案例，如“瑞雪兆丰年”“鸟低飞，披蓑衣”等谚语，都是从特殊案例推导出的普遍性规律。

而科学归纳推理则是针对某类事物中部分对象与某种属性间的因果联系进行分析，然后推导出这类事物也具有这种属性的结论。

举例说，金、银、铜、铁在遭受一定的热度后都会出现体积膨胀的现象，这是因为金属在受热后，分子的凝聚力减弱的同时，分子运动却会加速，导致分子间彼此的距离加大，从外表就呈现出膨胀的现象。金、银、铜、铁都是典型的金属，由此可以推导出一个结论：所有的金属在受热后体积都会发生膨胀。

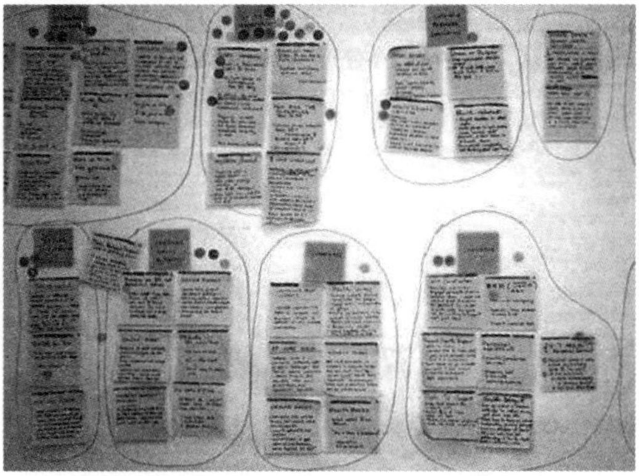

归纳思维最常见的应用——便利贴板分析

科学归纳推理考察的是具体对象与某种属性的因果关系，运用科学归纳推理方法去认识事物，我们可以更迅速地接近事物的本质、发现事物的规律，科学归纳推理的思维也可以帮助我们改变轻信他人、不独立思考的坏习惯。

归纳推理在人们认识客观事物的过程中能够起到极其重要的作用，不管是在数学、物理、化学等学科，还是在科技领域都有着很突出的表现，将其运用到日常生活中，也会给我们很多启迪，帮助我们解决很多难以处理的问题。

发散思维：突破束缚，视野广阔

大学上的第一堂课给吴秦留下了十分深刻的印象，记得老教授缓缓走上讲台，拿起粉笔静静地在黑板上画了一个圆圈。讲台之下的学生们面面相觑，不知道老教授的用意。

老教授扫视了他们一眼，高声问道："谁能告诉我，这是什么？"在老教授威严的目光下，大家沉默不言，没有一个人回答。老教授拿起了学生名单，随便叫了一个名字："吴秦，你来告诉我，这是什么？"

吴秦的脸瞬间涨得通红，刚入大学的他太过害羞："这，这是一个圆……"他老老实实答道，周围响起了一阵低低的笑声。

老教授点点头，让他坐下，随即又抽中了另一名学生，面对着老教授的追问，那个学生挠挠头，小心翼翼地说："这是一个用粉笔画成的圆圈……"

老教授又点点头，示意那名学生坐下，突然打开投影仪道："我们来看一段视频。"

欢快的音乐响起来，视频里出现了一大群小朋友，原来是在一个幼儿园里。只见视频里的老师指着黑板上的圆圈问道："小朋友们，你们说这是什么呀？"

"是地球！"

"不对，是镜子！"

"是我爸爸的秃头！"

视频里小朋友们争先恐后地回答着老师的问题，各种令人"喷饭"的答案叫大学生们忍俊不禁。老教授脸上现出了微笑，温和地说："也许你们的答案更符合黑板上的图形，但是相对于幼儿园的孩子，你们的思维显然不够开放，不够活跃。"

视频里小朋友们天马行空的回答印证了逻辑学中另一项重要的思维模式：发散思维。发散思维又被称为扩散思维、多向思维或者是辐射思维，指的是从相同的思维出发点开始，不停向周边扩散的一种思维状态。

如果将发散思维同一棵树来进行类比，我们就会发现，思维本质上就是一种“迁移”的能力。比如，我们将一件具体的事情当作这棵树的主干部分，随着思维的发散与“迁移”，这棵树向下会长出根茎，向上会长出枝条和绿叶，如果这种“迁移”的能力越强，这棵树的根茎就扎得越深入，枝条就越粗壮，叶子就越鲜绿。运用发散性思维认识事物、找出规律的过程就是思维这棵树扎根深处、枝繁叶茂的过程。

拥有发散性思维的人一般视野会较常人广阔，他们习惯沿着各种途径去思考，寻找不同的答案，他们时常会运用“一题多解”“一物多用”等方式训练自己的发散思维，让这种逻辑能力越来越强。

发散型思维中有一个不容忽视的概念，那就是“发散点”，只有找到了“发散点”，才能顺利地进行思维的发散过程。发散点一般包括以下几个方面：

着眼于事物的材质，以材质为发散点，产生丰富的联想。比如说，当我们看到剪刀的时候会产生诸多联想：这把剪刀是铁制品，看起来用了很久了，刀口有缺失……

着眼于事物的功能，列举其功能。当我们看到粗麻绳的时候，我们可以想到这根麻绳在搬家的时候会派上用场，因为它可以绑行李，而同时它也可以当作装饰品，如制作麻绳灯饰等。

着眼于事物的结构，进行思维发散。比如说出租房里折叠的桌子会给我们节省很大的空间，带来很多方便。那么我们可以将这种折叠的结构继续运用在其他家具上，比如折叠床、折叠靠椅等。

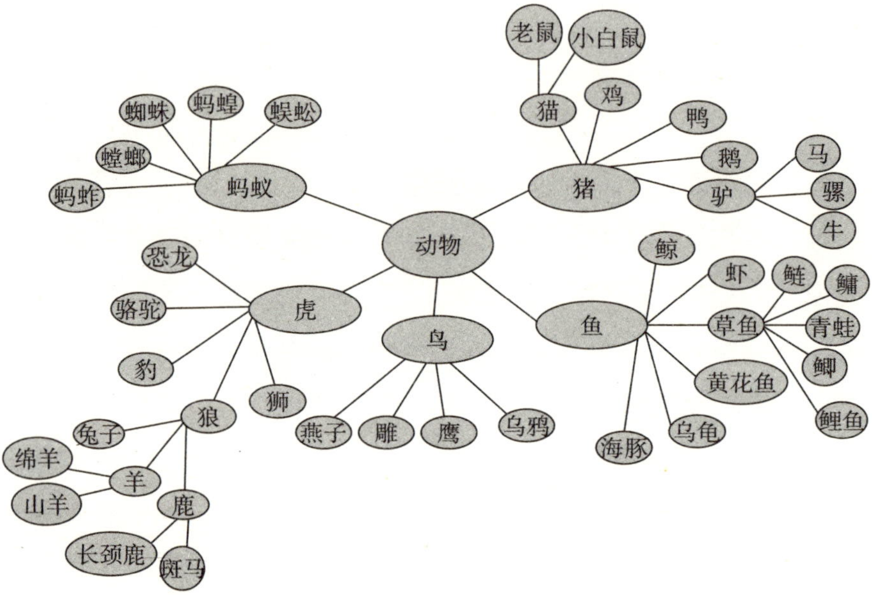

关于动物的发散思维示意图

将某事物与其他事物有机结合起来，形成组合，并因此得出新的事物、新的功用。小时候的我们都喜欢收集橡皮，当这块橡皮与动物联系起来的时候，就成了我们最爱的动物形状的橡皮；当这块橡皮与水果联系起来的时候，就成了散发着浓烈香味的橡皮；当这块橡皮与铅笔联系起来的时候，就成了附带橡皮的铅笔。

以实现事物的方法作为发散点，从而产生各种联想。好比起点和终点是固定的，同一批人从相同的起点出发，有的会选择走大路，有的会选择走小路，有的会选择乘飞机，有的会选择坐船，这些各种各样的方式都是以方法作为发散点，实现发散性思维的体现。

以事情发展的结果作为发散点，推测出造成这最终的结果的原因，或者以事物萌生的原因作为发散点，推测最终的结果。比如说，河流水为何会结冰？那是因为昨晚的温度降到了零下十摄氏度。

以事情间的联系作为发散点，尽可能地拓宽思维，展开联想。比如说，大火可以将木头烧毁，而木头一旦被点燃，火势将变得更旺。

发散性思维有着流畅性、变通性、独特性和多感官性这些特征。发散性思维与人们的情感联系深厚，浓烈的情感一般能够使得思维发散的速度变得更快，效果也会变得更好。同时，发散性思维能够突破僵化的思维框架，当人们在运用发散性思维进行思考的时候，调动的感官既包括视觉也包括听觉、嗅觉等。

人们在成长的过程中很容易形成某些思维定式，而孩童却不受禁锢，脑袋里往往装满了天马行空的创意。想要做生活里的智者，想要练就强大的逻辑思维能力，我们就要抛弃固有的“思维陋习”，以全新的眼光去看待、去思考这个世界。

第八课

思维的侧向与逆向，追踪与组合

侧向思维：条条大路通罗马

100 多年前，奥地利有一个医生叫恩布鲁格，他终日里苦思冥想，为一个医学问题苦恼了很长一段时间。这个困扰他的问题是：他不知道如何才能检查人体的胸腔积液。他想了各种各样的办法，做了很多次实验，终究还是以失败而告终。

有一天，恩布鲁格突然想到父亲每当想要测试桶内还有多少酒的时候，总是会用手敲一敲酒桶，根据声音来做判断，而父亲的判断每次都那么准确。恩布鲁格想得出神：人的胸腔和酒桶不是很相似吗？如果采用敲击的方式来探测胸腔里的积液，说不定也能成功。就这样，“叩诊”的方法由此问世。

世界上万事万物都有着既定的联系，如若采用侧向思维，曲线找出两个看似毫不相干的事物间的联系，说不定能够取得重大的突破。想要打破思维定式，不妨多训练侧向思维的技巧，掌握“条条大路通罗马”的精髓。

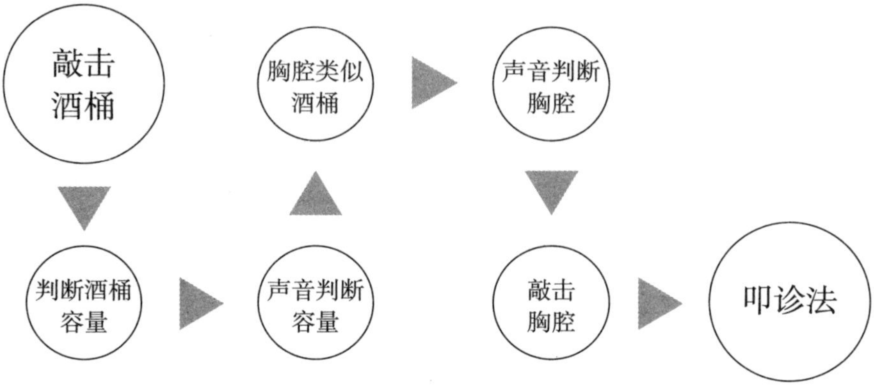

侧向思维发散图

遇到问题的时候，人们都习惯运用正向思维，直视问题锋芒，打算正面解决。正向思维并不是任何时候都好用的，一旦遇到障碍，可能就“卡”在了那里。而侧向思维却能够帮助我们绕过障碍，避开问题的锋芒，曲径通幽般迅速地到达目的地，为我们节省了宝贵的时间和精力。

拿同一项事情来说，如果我们站的角度不同，就会得出不一样的结论，哪怕我们所处的是同一个角度，也会因分析观察、思考问题的方式不同而得出截然不同的结论。思维僵化的人想问题不懂变通，懂得运用侧向思维的人却总能够在复杂的事情面前找到一条最容易攀登的捷径。

遇到难题的时候不妨扩宽思路，试着从侧面进行思考，说不定会就此打开新的天地。思维活跃、情商高的人思考的时候总“左思右想”，说话的时候总“旁敲侧击”，只因他们深谙侧向思维的要点。如果我们能够从别人根本没有注意或者不屑一顾的角度去观察和分析，我们一定能够比其他人更早地找到解决问题的方法。

侧向思维主要包括侧向移入、侧向转换、侧向移出这三种应用方法。

侧向移入指的是摆脱固有的思维习惯，跳出固定的范围与领域，将目标瞄准其他方向；或者受到其他板块事物的特征、属性、机理等因素的启发，从而转变思考问题的模式。或者干脆将其他板块成熟的技术、方法移入自己的领域，加以利用。

直升机尚未问世之前，没有人知道如何才能克服飞机顶上旋转桨产生的反扭矩。俄裔美国人西科斯基一反常规思维，从竹蜻蜓的原理得到启发，别出心裁地设计出了一个尾桨，用这样一个附加物成功解决了反扭矩的问题，使得世界上第一架实用的直升机由此诞生。由此可见，采用侧向移入的方式对于解决技术难题抑或是发明创新来说有着重要的意义。

侧向转换指的是不按照常规思维来看待问题，而是转换角度重新审视问题；抑或者转换解决问题的方向，以另一种更好的方式解决问题。

有一个年轻人想要过河，他站在河边对着船夫们大喊："请问你们哪位可以送我过河？"

附近的船夫们都聚集了过来，有的说："我水性十分好，坐我的船安全，你还是坐我的船吧！"有的说："我的船结实无比，坐着也舒服，我看你还是坐我的船比较靠谱！"

这个年轻人思忖着，久久做不出选择，突然间，他看到一个憨厚的船夫老老实实地坐在自己的船上，并没有过来招揽生意，年轻人起了好奇心，便走了过去，询问起来："请问你的水性好吗？"

那个船夫红了脸，不好意思地说："我并不会游泳。"

谁知年轻人一听便高兴地跳上了这个船夫的船，还吩咐他赶紧开船。

这个年轻人看待问题的方式与众不同，他认为，作为一个船夫却不会游泳，一定十分自信自己的划船技术，而且船夫不会游泳，划起船来肯定会格外小心，坐这位船夫的船一定比别的船更安全。这种思维方式就是典型的侧向转换法。

侧向移出指的是一种跳出现有领域思考问题的方式，即将客观存在的设想、技术、产品等从原先的领域中分离开来，并将其运用到其他领域中去。

使用侧向思维解决问题的时候，记得要充分打开思维，特别留心一些看起来微不足道、表面上与问题毫无联系的现象，平时生活中注意观察，提醒自己不要落入惯性思维的窠臼。

拉链的发明过程就是完美的侧向思维移出案例。一个叫作贾德森的人为了解决系鞋带的烦恼，成功发明了拉链，并在 1905 年获得了专利权。后来，一个叫作霍克的军官注意到了这项特殊的发明，他摩拳擦掌，决定专门建厂生产拉链。但是拉链批量生产的问题却叫霍克犯了难，他前后一共经历了 19 年，才成功研制出拉链机，可是当时几乎没有一个人使用拉链代替鞋带，霍克付出了种种努力，却仍然卖不出他生产的拉链。

后来，一个服装店的老板在了解到拉链的时候打开了思路，他聪明地想到，拉链虽然不能代替鞋带，为何不将其运用到生活中的其他方面呢？随后，他生产出了带拉链的钱包，一时间掀起了销量狂潮，成功赚了一大笔钱。随着时间的发展，拉链在生活中的运用越来越普遍，被誉为影响现代文明的十项最重要的发明之一。

逆向思维：反其道而思之

司马光砸缸的故事在中国可以称得上家喻户晓，说的是一个顽童掉入了装满水的大缸，周围的小伙伴们不知如何是好，机智的司马光却当机立断地搬起了一块大石头，重重地砸向了大缸。大缸被砸出了一个大洞，缸里的水汩汩流出，而掉入缸里的顽童也因此获救。

为什么当其他的小朋友吓得愣在原地的时候，司马光却能迅速地找出解决问题的办法，成功救下了玩伴的性命呢？那是因为司马光运用的是逆向思维法。在当时的情况下，只有人与水分离，不幸落缸的玩伴才可以得救。当别的小朋友想着如何将玩伴从装满水的大缸中拉出来的时候，而司马光想的却是如何让缸里的水离开人。

逆向思维，又被称为求异思维，也就是所谓的反其道而思之。生活中总是存在着很多约定俗成的规则和很多板上钉钉的定论，人们的思维模式也越来越单一、越来越固化，逆向思维就是打破这种僵硬的规则、定论以及思维模式，从而找到另一种解决问题的方法。

擅长利用逆向思维的人习惯将既定事实反过来思考，从结论往回推理，从求解回到已知条件。这种不按常规出牌的思维方式往往会使得问题趋向简单。

1820 年丹麦哥本哈根大学物理教授奥斯特在经过多次试验后终于证明了电流的磁效应。英国物理学家法拉第对奥斯特教授的发现兴趣浓厚，他决定重复奥斯特教授的试验。试验的过程中，法拉第一将导线通上电流，便激动地发现导线附近的磁针立刻发生了偏转，他脑海中冒出了一个想法：既然电能够产生磁场，那么磁场想必也能产生电。

很多人认为他的想法是无稽之谈，法拉第却坚持认为他通过逆向思维得出的设想一定是正确的。1821 年，法拉第开始了辛苦的实验，经历了无数次的失败后，他终于在十年后成功实现了利用磁场产生电流的设想。1831 年，法拉第提出了著名的电磁感应定律，并发明出了世界上第一台发电装置。

法拉第之所以能够成功发现对后世影响深远的电磁感应定律，与他善于逆向思考问题分不开，这也是逆向思维在人类史上的一次重大胜利。

逆向思维要求我们在思考问题的时候摒弃固有的模式，从对立的、相反的方向去进行，这会充分打开我们思路，让我们在逻辑的世界中流连忘返、获益匪浅。

将逆向思维应用到现实生活中的时候，具有三种方式：反转型逆向思维、转换型逆向思维、缺点型逆向思维。

反转型逆向思维要求人们对已知事物的结构、功能、状态、因果关联等方面进行相反方向思考，从中找到突破点。

科学家伽利略有一次在给学生上实验课的时候，他一边操作一边向学生问道："水温升高的时候，容器内的水面为何会明显上升？"一个学生大声答道："这是因为热胀冷缩的原因。"伽利略像是想起了什么，突然停下了手里的工作。他自言自语道："温度能使得水的体积产生变化，如果反过来，观测水的体积变化，不也就同时知道了温度的变化了吗？”

伽利略很激动，原来当时的人们早就发现了人体发烧的时候体温会上升，但是并不知道如何才能测量出人体上升的温度，伽利略也曾为这个难题困扰已久，如今却茅塞顿开，就这样，伽利略利用液体在不同温度下的体积变化原理发明了世界上第一支温度计。

转换型逆向思维指的是转化思维角度的一种技巧，为了解决问题，我们需要不停转换思考的角度来找出真正有用的解决方法。

日本的一位研发人员为了成功解决圆珠笔的漏油问题，不停地转换思索问题的角度，最终发现了一个新的思路：圆珠笔的漏油问题如果是由钢珠的磨损造成的，与其拼命增强钢珠的硬度和耐磨度，不如将笔管中的油量减少，在钢珠还没有彻底磨坏之前就耗尽油量，岂不是能够节省大量的无用功？为了证明自己的设想，这位研发人员做了一系列实验，最终解决了这一困扰了人们很长时间的问题。

缺点型逆向思维指的是有目的地放大事物的缺点，并将其转化成可以利用的属性，从而变缺点为优势。

吴安和李玲是一对恩爱夫妻，本来两人都有着优越的工作，生活富足。然而，自从吴安迷上了股票后，这一切都改变了。在一片看涨不看跌的浪潮里，吴安过度自信，将家里所有的积蓄一股脑投入了深不见底的股市，还没几个月就赔得干干净净。正巧这时候吴安在乡下老家的父亲不幸患了绝症，为了给父亲治病，吴安作为独子，只能将父亲接到了城里医院。随着花销越来越大，吴安在和妻子李玲商量后，咬牙卖掉了房子，带着7岁的小女儿搬去了破旧的出租房生活。

吴安和李玲一边忙于工作，一边要照看生病的老人，生活变得忙碌而疲惫不堪。屋漏偏逢连夜雨，这时候房东却不顾租房协议，突然责令他们一家搬离出租屋。吴安好求歹求也没有改变房东的心意，只好四处不停地寻找合适的房子。这个周日，李玲去了医院照顾父亲，吴安带着女儿在城里奔波了一天也没找到合适的出租房。

傍晚的时候，吴安突然在一条僻静的街道上看到了一张租房启事，他拨通了启事上的电话号码，对面传来的是一个老太太的声音。老太太给他留下了一个地址，他赶紧带着女儿赶了过去。让吴安很高兴的是，老太太要出租的房子干净又温馨，租金也便宜，十分适合吴安一家人。可谁知老太太瞥了一眼跟在吴安身后的小女儿，淡淡道："我不想把房子租给有孩子的住户，小孩太闹腾。"

吴安急了，好话说了一箩筐，老太太还是固执己见，眼见着天越来越黑，没办法，吴安牵起了女儿的手，正准备默默离开，女儿却突然转身，看着老太太脆生生地说道："奶奶，这房子我可以租吗？我没有孩子，我只带了一个大人！"老太太愣了，看着小女孩真诚的眼神，她突然喜欢上了这个可爱的小姑娘，不由自主地点了点头。

吴安喜出望外，这段时间以来，他被生活中的意外折磨得遍体鳞伤，心里充满了阴郁，女儿的一句话不仅为他解决了一个大麻烦，还为他带来了生活的希望。他知道，他又有了拼搏的勇气和动力。

在人生的旅途中，我们难免会遭遇很多预期外的事情，我们总会有一些突如其来的情绪，这时候，不妨使用逆向思维，以辩证的态度去看待生活中这些意外、坎坷与磨难，换一种角度思考人生，你会有很多不一样的收获。

追踪思维：步步紧逼，追出真实世界

小孩子都很喜欢向身边的人问各种各样的问题，一旦没有得到满意的答复，他们就会一直追问个不停。小孩子肚子里好像都藏着“十万个为什么”，追问是孩童的天性，也是逻辑学中追踪思维的原型。

追踪思维，又被称为因果思维，它是根据事物间错综复杂的因果关系来寻求创新突破的一种思维方法。拥有追踪思维的人会按照固有的思路刨根问底地问下去，不问出满意的答案不罢休。

在解决生活中遇到的问题的时候，追踪思维大都能派上用场。运用追踪思维，我们就能通过结果一步步追溯到事物的源头；运用追踪思维，我们就能通过表象一点点挖掘出事物的本质。万事万物自身都有着因果关系，表象和本质，将前者和后者联系起来，步步追问，你一定会追出一个真实的世界。

某校老师组织学生去附近的养蜂场进行学习和参观。学生们排着队，经过一个个聚满蜜蜂的蜂箱，脸上挂满了好奇的神色。见蜜蜂们趴在蜂箱上嗡嗡叫个不停，便有学生问道：“老师，请问蜜蜂是怎样发出这样的‘嗡嗡’声的呢？”老师解释道：“蜜蜂之所以会发出‘嗡嗡’的声音，是因为它的翅膀在振动，每秒会达到200次，一旦蜜蜂的翅膀停止振动，蜜蜂的‘嗡嗡’声就会停止。”

聂利一边听着老师的解释，一边凑近蜂箱，仔细观察了起来。专注地看了一会儿后，聂利发现，蜜蜂“嗡嗡”叫的时候，它的翅膀却一直保持着静止，并没有持续扇动，她立刻将这个发现告诉了老师，并指出老师的说法有误。老师脸上现出了不愉快的神色，她并没有将聂利的说法当一回事。聂利心里却一直怀着这个疑问，久久不能释怀。

回到家后，她左思右想，决定亲手做实验来验证心中的想法。聂利抓来了几只蜜蜂，用剪刀将蜜蜂的翅膀剪去，却发现蜜蜂仍旧在“嗡嗡”叫着，这说明教科书上的知识根本就是错误的。聂利继续追踪了下去，她用放大镜反复观察蜜蜂，终于发现当蜜蜂“嗡嗡”鸣叫的时候，其翅膀根部的一个小黑点就会上下鼓动。当她用针刺破这个小黑点的时候，蜜蜂却再也发不出熟悉的鸣叫声了。聂利由此发现了蜜蜂发声的奥秘，还获得了高士其科普专项奖。

小学生聂利通过一步步实验、总结、反思的过程揭示了事物的真相，她给我们呈现的是一段追踪思维的轨迹，让人受益良多。

细心的人很善于从一些微不足道的线索里找出门道，并以此为由，穷追不舍地追问下去，利用这些蛛丝马迹收获真相，从而获得创造性的成果。这样的人无疑拥有着出色的追踪思维。

想要训练自己的追踪思维，就要注意观察那些被人忽略的细节和角落，保持着耐心一点点去收集资料、一步步去分析探索，并提出关键性的问题，坚持不懈地追问下去，不达目的誓不罢休。

日本丰田汽车公司在汽车行业中地位显著，该公司生产的汽车，无论是外形还是性能都能够给人留下深刻的好印象。在丰田，从领导到员工，几乎每个人都保持着“追问到底”的精神，一旦出现问题，丰田人就会坚持一个又一个问题去盘查，直到最终解决问题。这样严谨的态度造就了丰田如日中天的事业。

有一次，丰田汽车公司的某台机器突然停止了运转，领导将员工们聚集在了一起，抛出了一个问题：“有人知道机器停了的原因吗？”员工中有人答道：“因为保险丝断了。”“那么保险丝为什么会断呢？”“因为超负荷导致电流太大。”“那么超负荷又是怎么回事呢？”“因为轴承枯涩不够润滑。”“造成轴承枯涩不够润滑的原因是什么呢？”“轴承不够润滑的原因是油泵吸不上来润滑油。”“油泵为什么会出现这个问题呢？”“因为抽油泵磨损严重。”“是什么原因造成了抽油泵的严重磨损呢？”“因为没有装过滤器，导致混进了铁屑，这才使得抽油泵出现了严重的磨损！”

经过一系列的追问，领导终于问出了机器停转的原因，参与了这个过程的全体丰田人都很激动，他们合力修理，终于成功排除了故障。

追踪思维对于解决实际问题具有很高的应用价值，只因在物质世界里，事物的因果关系有着普遍的存在性，想要知晓最后的“果”，我们可以利用追踪思维从“因”上入手；想要追寻事物的“因”，我们也可以将目光着眼于“果”，经历一系列角逐的过程，最终将事物的来龙去脉分析得清清楚楚。

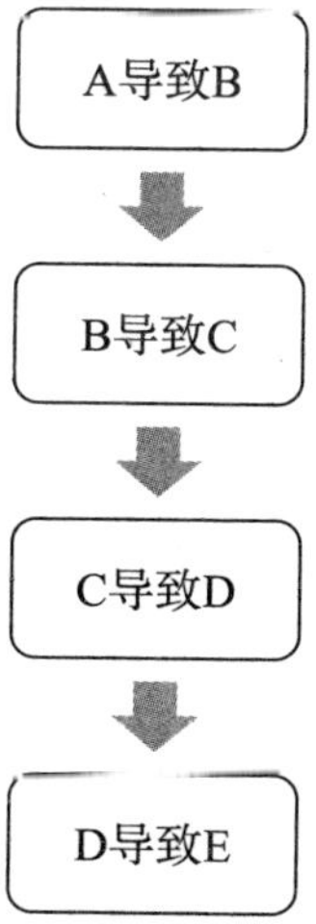

追踪思维

不管是在生活中还是在工作中，当我们遇到困扰或者难题的时候，不妨多问几个“为什么”，这能帮助我们拨开眼前的迷雾，看清问题的实质，从而找出解决问题的方式。

不管在任何时候，都要保持着好奇心，将大脑和好奇心联系在一起。很多人在长大成熟之后，开始有意识地抑制自己的好奇心，减少提问的次数，这实际上是不对的。凡事多问几个“为什么”反而是一个很好的习惯，只因保持追问的耐心对你的生活和工作都有好处。

当你的大脑无时无刻不充斥着浓烈的好奇心的时候，也意味着你的大脑永远处于活跃的状态，这种好奇心使得你热情满满地去面对生活中的一切难题，使得你整个人都分外有活力。这样的你，会逐渐练就强大的追踪思维。等你将追问变成一种习惯的时候，你就会惊讶地发现，生活中原来存在着那么多的解决方案。

组合思维：团队协作，方能事半功倍

每个人在人生的进程中都会遇到和人合作抑或是竞争的难题。正因社会如此残酷，当合作或者竞争这道选择题摆在我们面前的时候，我们才会越发纠结、难以下决定。现实是，生怕被淘汰的我们一次次选择了相互竞争，也不愿意放下成见，踏上友好的合作之路。造成这种情况的原因是大多数人都缺少了组合思维的意识。

逻辑思维中，组合思维又被称为“连接思维”“会向思维”，指的是将很多外表看来毫不相干的事物在脑海中进行拼接，以此使得这些事物变成不可分割的整体的思考方式。

组合思维有着明显的创新性、广泛性、时代性和继承性，很多科学家们都认为人类知识之所以会不断地丰富发展，是由于知识体系在不断地重新组合，这就是组合思维带来的巨大的影响力。

吉姆是个普通的小职员，因为平日里工作繁忙而枯燥，他最大的兴趣爱好就是在工作之余去滑冰。吉姆很享受那种在冰面上驰骋的感觉，简直叫人神清气爽。冬天是吉姆最喜欢的季节，因为冬天很容易就能在室外找到滑冰的地方，而到了别的季节，他却只能暂时对滑冰这项运动忍痛割爱。

难道只能冬天才能滑冰吗？怎样才能在其他季节里也能滑冰呢？有一天，吉姆的脑子里突然蹦出了这个念头，他终日苦思冥想，希望能够找到一个绝妙的办法满足心愿。想着想着，他将目光放在了鞋子上。那么，怎样才能让鞋子在平坦的路面上滑动起来呢？他又想到了能滑行的轮子。

吉姆在脑海里将鞋子和轮子的形象组合到了一起，眼前立刻出现了一双能滑行的鞋。吉姆欣喜若狂，立刻找来工作本，将脑海中的设计完完整整地描画在了本子上。然而吉姆一直不满意，他一边思考一边改进，后来又制成了成品反复进行试验，最终制成了“旱冰鞋”。

当数据与文字、图像、声音组合起来的时候，就诞生了多媒体；当飞机与飞机库、军舰组合起来的时候，就诞生了航空母舰；当自行车与电机、蓄电池组合起来的时候，就诞生了电动自行车。牙膏与中医药的联结诞生了药物牙膏；台秤与电子计算机的联结诞生了电子秤；电视与电话的联结诞生了可视电话，这个世界不断出现新的组合，而这些组合同时孕育出了很多新的富有创造力的产物，对我们周围的生活产生了巨大的影响。

组合思维要求我们重视团队协作的力量，要求我们创造性地将两件毫不相干的事物联结在一起，从而得到“1+1 ＞ 2”的

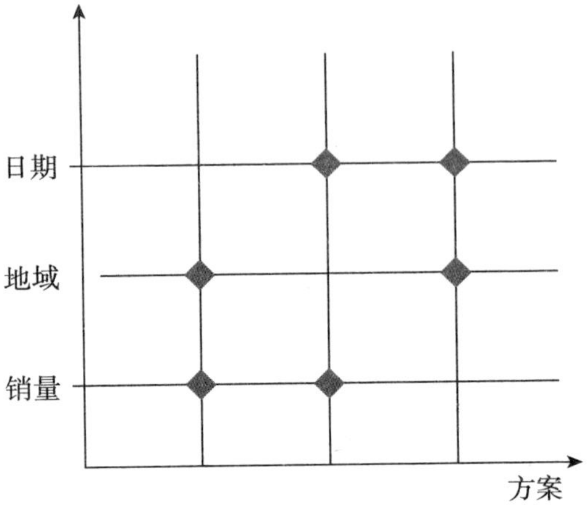

一张简单的组合思维图

能量。事实上，将组合思维运用到极致的时候，经常能够得到事半功倍的效果。

组合思维又分为同类组合、异类组合、重组组合、共享与补代组合、概念组合、综合这几种形式。

同类组合，指的是一些相同事物的组合，而参与组合的这些事物在这前后会继续保持原结构，虽然功能有可能会加强，但其基本原理不会发生质的改变。比如说，当我们用 3000 个易拉罐组合成一辆汽车的时候，这些易拉罐并没有变成真正的汽车，只是拥有汽车的形状而已；当我们拥有一个双层文具盒的时候，这个文具盒的组合还是只能用来装文具，在本质上并没有发生任何改变。

异类组合，指的是将不同领域的技术、思想、功能进行组合，从而完成一次创新。参与组合的对象并无太大的联系、也并无主次关系，当它们组合后，无论是形态还是构造抑或是功能都很有可能会发生质的改变。比如说将音乐与贺卡组合在一起的时候，世界上就出现了展开后会自动播放美妙音乐的音乐贺卡；将钢筋与混泥土组合在一起的时候，就产生如今在建筑中必不可少的钢筋混泥土。

重组组合，指的是将同一件事物按照不同层次进行分解，然后再重新进行组装、架构，以挖掘出这件事情本身的潜力。在重组组合的过程中只会运用原事物的材料，而不会添加新的材料。这样一种思维方式往往能够带来创造性的改变，让人们受益很深。比如说，企业里的“资产重组”概念；垂直式的吸尘器；将飞机的螺旋桨装在尾部就形成了喷气式飞机。

共享与补代组合，前者指的是将某一事物中具有相同功能的部分组合在一起，以实现共享，如生活中不管是手电筒还是遥控器抑或是半导体收音机，都需要干电池。而后者指的是针对某一事物的某部分，进行抛弃、补充、替代等行为，从而产生新的性能更优越、更实用的事物。比如说以前的存折逐渐被银行卡取代；老式手机逐渐被智能手机取代等。

概念组合，指的是以词类或命题进行组合。例如，“绿色食品”“主题餐厅”等。

综合，指的是为了将某项重大的课题圆满完成，会在已有的知识、学科、原理、技术、方法的基础上，创造出新的知识、学科、原理、技术和方法，并将这些进行重新的组合安排。实际上也就是各类组合的综合运用，不仅系统完整，还有着明显的全面性和严密性。比如美国在 1961 年提出的著名的“阿波罗”登月计划。

组合能够产生的力量超出我们的想象，这种积极发散的思维往往能够创造出很多令人意想不到的效果。想要熟练地掌握这种组合思维，我们就要主动去吸取各类知识，积极在生活中进行实践，善于积累、勤于思考。

第九课

思维的假设与类比，博弈与求易

假设思维：假设后的论证

当我们遇到难题的时候，会本能地运用假设思维来分析问题。可以说，假设思维是现实生活中最常运用的思维方法之一，这种预定假设，再小心求证的思维方法既保险又富有创造性。

唐太宗李世民即位后，唐朝国力日益强大，但是西域边关却战火不断，为了边境的和平，唐太宗决定将文成公主嫁给吐蕃赞普王松赞干布。据说，当时除了来自吐蕃的使者禄东赞外，还有其他四位来自西域不同国家的使者，请求将文成公主嫁给他们的国君，最后吐蕃使者却力挫另外四人求亲成功。

当时唐太宗将五道难题摆在了五位使者的面前，并允诺，哪国使者能成功答出这道题目，他就将文成公主嫁给哪国国君。这五道题目中有一道格外“烧脑”，让人百思不得其解。

这道题目是，如何用一根细如毛发的丝线穿过“九曲明珠”。原来这颗“九曲明珠”两端分别有一小孔，而孔内却有九道弯曲，

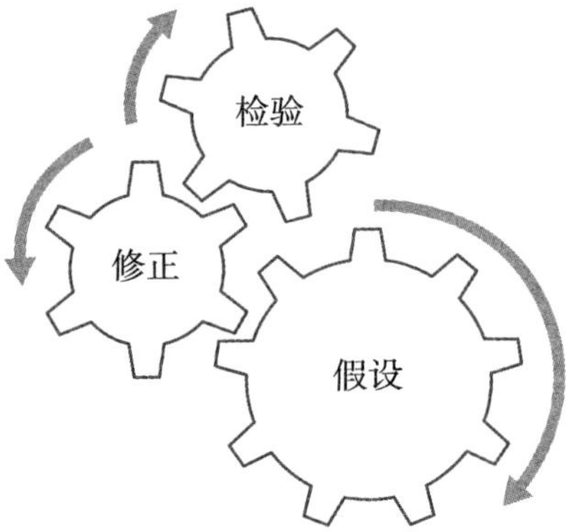

假设思维

想要用那般纤细的丝线绕过孔内的九道弯曲，简直是不可能的事情。果然，各国使者们急得满头大汗，也无法将丝线成功穿过“九曲明珠”。

吐蕃使者却不慌不忙，拿着“九曲明珠”思考了起来，他先假设这根丝线具有了生命力，不仅长了一双眼睛，还能自己行动，灵巧地在洞内穿梭，不一会儿就从“九曲明珠”的另一孔洞内穿出。那么，如何能够让这个假设成立呢？如何才能将这根丝线变得有生命力呢？

“有了！”吐蕃使者想着想着，便眼前一亮，他命人从花园里捉来了一只大蚂蚁，将丝线轻轻拴在蚂蚁的身上，将蚂蚁放入孔洞之后，在“九曲明珠”的另一孔洞的周围涂抹足够的蜜糖，受了诱惑的蚂蚁很快就带着丝线顺利地穿过了九道弯曲，从抹了蜜糖的另一端孔洞中钻出。

这种为了解决问题而先提出假设，再根据假设一步步进行思索、分析、质疑的思维方法就是假设思维。假设思维指的是根据客观存在的科学原理和足够的现实材料事先进行假定、预设，再逐步解决问题的思维方法。假设思维的推测性很强，在具体的实践中能够发挥出很大的实用性。

总有一些难题是我们运用顺向思维或是逆向思维都无法解决的，这时候不妨尝试着去运用假设思维，根据已知的条件去假设出一个结果，再围绕着这个结果来一步步解决问题。假设思维会将难题中某些隐蔽或者复杂的信息直面地表现在我们面前，使问题的走向更加明朗和清晰，对于我们成功解决问题帮助很大。

只是，假设思维能够提供给人们的信息并不一定可靠，它需要反复地论证和实践才能得到人们的信任。因此，运用假设思维去思考问题的时候，不要忘了运用科学方法去论证和实践，这是一段不能省略的过程。

下面我们来仔细分析一下假设思维的运用和操作的步骤。

收集相关资料后，在已知科学原理的基础上提出假设。

我们所要提出的假设并非信口胡诌。实际上，若想提出一个靠谱的假设，必须要经过事实材料收集的工作，同时参考科学原理和相关知识并充分发挥创造性思维，经过了这样一系列的准备工作后，才能针对问题的本质和规律提出一些初步的假设和推测。

如果提出的假设根本没有经过思考，非但不能够帮助你成功解决问题，还有可能将你带向错误的方向，离真相越来越远。

围绕假设，进行广泛论证。

为了使得假设更趋于合理，必须进行广泛的论证。而论证的过程要运用到相关的理论或者是一些经验事实材料，使得假设更加完整、准确、合理。

在验证假设的过程中，要注意以下两个原则：一是想要推断假设是否正确，一定要根据客观事实。二是一旦事实不符合原有的假设，要及时推翻，再做出正确的判断。

有一个商人想要雇用一个聪明的人当助手，前来应聘的人有很多。经过一系列测试后，最终留下了两个能言善辩的人，看起来都很机灵。商人踌躇，不知道该选谁做助手。后来，他想出了一个测试的办法，成功地帮他找到了最适合的人选。

他带着两个应聘者来到了一间灯光昏暗的房间，房内空荡荡的，只有正中间的桌子上摆着一个大盒子。商人对他们说："盒子里有五顶帽子，有两顶是红色的，三顶是黑色的，等会我会派人将这间房间的灯关掉，我们三个人每个人都从盒子里取出一顶帽子戴上，然后我再让人将灯打开，你们谁能最快地说出自己头上所戴的帽子的颜色谁就能成为我的助手。"

商人拍拍手，待在一旁的仆人便关掉了电灯，漆黑一片中，三个人依次从盒子中取出一顶帽子戴在头上。商人又拍拍手，仆人随即便打开了灯。两个应聘者霎时间便看到商人头上戴着一顶红色帽子，随后两个人面面相觑，都不敢说出自己头上的帽子是什么颜色的。

迟疑间，其中一个人突然大声说道："我知道了，我头上戴的帽子的颜色是黑色的！"

商人惊讶地鼓起掌来，他没料到这个人居然在这么短的时间内就猜出了自己头上的帽子的颜色。于是，这个人如愿以偿，终于成为商人的助手。

那么，这个人是如何猜出正确的答案的呢？原来他采取的是一种假设思维的方法，当他看到商人头上戴着的是一顶红帽子的时候，脑海中便开始了飞速的运转。商人戴了红帽子，说明还剩下三顶黑帽子和一顶红帽子，假如自己头上戴的是红帽子，那么对手就能很快地说出他头上戴的是黑帽子，但是对方却和自己一样，表情迟疑，不敢确定，这说明自己头上戴的并不是红帽子，那么自己戴的就一定是黑帽子。就这样，这个人利用假设思维取得了最后的胜利。

类比思维：在类比中联系，既有模仿又有创新

当我们在生活中遇到陌生的棘手问题的时候，通常需要运用到类比思维去解决。类比思维指的就是通过两个或者两类不同对象之间的比较，来找出它们某一方面的共同点，然后把其中一类事物的其他相关特征移植到另一类事物中去，以此延扩思维，创造性地解决问题的一种方式。

类比思维，就是指通过类比将已有的知识经验与陌生的不熟悉的问题联系起来，或者与已经顺利解决了的问题联系起来，找出一条捷径创造性地解决问题的思维方式。通过类比，让两种毫无关联的对象产生联想，从而深化思维、产生新的解决办法，这个过程既有模仿又有创新。

享誉全球的建筑大师格罗培斯从事建筑研究 40 多年，在世界很多地方都留下了独具个人特色的经典杰作。当初在设计迪士尼乐园的时候，格罗培斯正在法国巴黎参加庆典，施工部打来紧急电话，请求格罗培斯赶紧敲定最后的设计方案。格罗培斯急了，尽管设计稿已经修改了无数遍，可是他仍旧很不满意。接到施工部的电话，格罗培斯更是心神不定。

巴黎的庆典一结束，格罗培斯便心慌意乱地坐上车，对坐在前排的司机说，他想去地中海海滨转转。他要整理思绪，抓紧时间定下最后的设计方案。

格罗培斯看着窗外疾驰的风景，心事重重。放眼望去，道路两旁都是法国当地村民种植的葡萄园，不少农民将新鲜的葡萄一串串细致地摆在路边，不停地向过往车辆和行人吆喝着，却鲜少有人问津。格罗培斯的车子驶进了一个弯弯曲曲的小山谷，只见山谷间一个无人看管的葡萄园旁停着不少车。旁边一个高高的木架上醒目地写着一行字：只需 5 法郎，你就可摘满一篮子新鲜美味的葡萄。

格罗培斯忙命司机停车，摇下车窗向过往的行人询问，原来这个葡萄园的主人是一个行动不便的老太太，为了管理葡萄园，她才想出了这个办法。老太太没有想到，施行这个办法一段时间后，她的葡萄居然是附近百里内卖得最快的。格罗培斯若有所思，下车摘了一篮葡萄后，突然对跟在身后的司机坚定地说，他要回巴黎。

一回到巴黎，他就给迪士尼乐园的施工部发了一封电报：请在乐园的草地上撒满草种，然后提前开放。施工部接到格罗培斯的电报后，便按照格罗培斯的吩咐撒满了草种，没过多久，迪士尼乐园的每一块空地上都长满了绿油油的青草。因迪士尼乐园提前开放，游人们在草地上踩出了一条条错落有致、优雅自然的道路，第二年，格罗培斯便让施工部循着游人们踩出的痕迹铺设了人行道。

1971 年，格罗培斯别出心裁的设计在伦敦国际园林建筑艺术研讨会上获得了世界最佳设计的头衔。

格罗培斯就是利用了类比思维，从老太太的葡萄园受到启发，这才诞生了迪士尼乐园的路径设计，并夺得设计大赛的头筹。在现实生活中，如果我们都能够像这位建筑大师一样，充分地延扩思维，展开联想，我们也能产生很多创造性的想法和主意，成功解决难题。

在数学这门学科中，类比思维作为一种重要的思维和推理方法，被运用得十分广泛。类比推理的过程，就是“由此及彼”的过程。当两个或者两类对象有着一些类似或者相同的属性的时候，我们可以推导出其中一个对象可能带有另一个对象身上的其他属性的结论。尽管这个结论并不一定百分之百的精准，但是它往往能够打开你的思路，升华你的思想，让你得到很多启发。

英国哲学家培根曾经说过：类比思维支配发明。人类社会上很多发明都与类比思维息息相关。只有将类比思维运用得淋漓尽致，才会源源不断地涌现出那么多别出心裁的发明创造，极大地改变了我们生活。

类比思维主要有形式类比、功能类比、原理类比这三种方法。

形式类比又包括形象特征、结构特征、运动特征等。

日本的一个很普通的家庭主妇发明了一种能够弯曲的吸管，给我们的生活带来了很多方便。当初，她的孩子生病了，为了能够让躺在病床上的孩子更顺利地喝到水，她绞尽脑汁想着办法。有一次洗衣服的时候，她突然被洗衣机蛇皮形状的导水管吸引，脑子里蹦出了一个想法，吸管也可以做成这种形状的啊！就这样，这位母亲发明出了能弯曲的吸管。

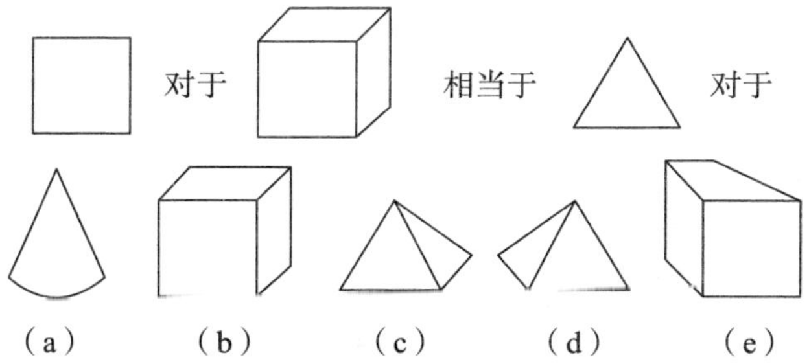

一道简单的类比题

功能类比，指的是将一个特定对象的某项功能应用到其他的事物上，从而得出新的思路的方法。

美国发明家贝尔经常对人们自豪地说起自己运用类比思维发明电话的事情。他说：当他意识到人的耳骨要比控制耳骨的鼓膜大得多的时候，不由自主联想到，如果存在一种薄膜也能够像人耳鼓膜那般灵敏的话，它就能够摇动比它大几倍的骨状物。于是，电话就这样被顺利地发明出来了。

原理类比，指的就是把一个特定对象的原理应用到其他的事物上，且能够对解决问题产生积极的效果。

类比思维是一种古老的思维方式，源远流长。“股神”巴菲特曾有一句名句是这样说的：“只有退潮时，你才知道谁在裸泳。”其中所展现的类比思维叫人印象深刻。在日常生活中，类比思维被运用得十分广泛，它能激发出一种别样的力量和情绪。哪怕在文学中，类比思维也能大放异彩。曾有一位名人说“类比是语言创造的原则”，综观如今的一些网络用词，无不是类比思维作用、投射的结果。

博弈思维：在决战中运用逻辑

你喜欢下象棋吗？当对面是一个很厉害的对手的时候，你想要获胜的欲望是不是很浓烈？当对方下出了一步很厉害的棋后，你是不是常常会为如何应对而苦思冥想乃至茶饭不思？其实，在你每下出一步好棋的时候，你在脑海里思虑的过程就是“博弈”“厮杀”的过程。

什么是博弈思维呢？当我们面对一个新的目标的时候，可能会有条顺利到达目标的路径，也可能会有很多个解决问题的办法，但是我们并不能盲目行动，为了衡量每一种方法的可行性，我们的大脑会飞速运转起来，只为了寻找出一种最有效、最快速的解决方法，这其实就是一种博弈思维。

博弈思维法是指在做出最后的决策之前，多方衡量、纵向比较，仔细考虑自己的决定会对别人造成哪些影响，别人又会因此做出什么反应，以及这些行为对自己的影响。下棋的时候处处可见博弈思维，我们要理性分析每一步棋的策略及其后果，从而使得自己成功赢得对方，赢得这场对弈。

张勇性格理性而冷静，生活中再小的事情他都习惯先进行分析、判断，再去做决定，这使得他的人生比一般人顺利得多。就拿坐地铁来说。有一天，张勇正在排队等候地铁，当他看到排在地铁旁的两支队伍的时候，思考了几秒钟后，便毫不犹豫地选择了人多的那一支。这是为什么呢？

这两支队伍左边排着5个人，右边排着3个人，按照一般人的思维肯定会选择右边人少的那一支，而张勇却没有急于下决定，而是先花了几秒钟的时间粗粗观察了一下。他发现：右边的队伍虽然只有3个人，其中却站了一位老人，他在心中衡量了一下，觉得老人行动不方便，上车的时间一定大于至少三个年轻人的时间和。

想到这里，张勇便果断选择了左边的队伍，果然他比后来站在老人那支队伍后面的人要早上车。

张勇运用的便是典型的博弈思维，可见，生活中的博弈思维处处可见。仿佛就在不久之前，考取大学还是人们认为获得“铁饭碗”的最可靠的方式，但随着大学的扩招，大学生群体不断增长，社会的就业压力越来越大，大学生的“就业难”问题成为国家最大的难题之一，“毕业即失业”的观念亦十分流行。这时候，很多大学生选择了考研这条路，毕竟考研对自己以后的发展各方面都有好处。

大学生们求职的时间一般在每年的 11 月左右，而研究生的统一考试则是在元月，只因求职和考研的时间太过接近，很多大学生们为此很纠结。如果选择考研，一旦考研失败，就得承受延误求职黄金时间的后果；可是如果直接求职，如果一时半会找不到合适的工作，还不如去考研。

这时候，想要解决这样的问题，每个大学生都得学会运用博弈思维来分析问题，做出于己而言最正确的决策。作为迷茫的大学生，想要考虑的问题实在太多，比如自己的家庭经济状况，是否能够承受自己考研的压力；自己的学习状态，是否能够保证百分之百地投入不会分心……

生活中，需要运用博弈思维的地方实在是太多了。假如你是一位公司的老总，如果公司效益不好，需要大幅度降低人力成本的时候，你是会选择降低员工们的薪水还是开除一部分员工呢？如果你和你的妻子在一起生活得很融洽，这时候父母向你提出了要求希望和你们小两口住在一起，但是你的妻子却说，如果你同意了父母的提议就会跟你离婚，你又该如何选择？

博弈指的就是当你做出一个选择的时候，它所导致的结果和影响不仅仅是依赖于你的选择，同时依赖于别人的选择。同样，当别人做出一个选择的时候，它所导致的结果所造成的影响不仅仅依赖于他自己的选择，还依赖于你的选择。可以说，我们在做出任何决定或者选择之前，都需要冷静地运用博弈思维进行合理的思考和理智的分析。

运用博弈思维解决问题，一般可以分为三个具体的步骤。

判断问题所在，明确具体的目标。不管是运用哪种思维方法思考问题，首先要做的就是要明确问题的根源在哪里。就好像医生给人看病，首先得“望闻问切”，具体诊断一番，确定了病因后才能对症下药。如果你连问题出在哪里都不知道，如何制定处理方案，如何着手解决问题？

诊断出具体原因后，不停衡量、探索或者拟订各种可行的方案。为了解决问题，我们需要不断提出各种周全而又有效的设想，并比较各项设想的优劣利弊，将各种情况都分析得清清楚楚。

放弃不合适的设想，选择最有效、最能解决问题的方案。无论我们面对的是什么问题，都需要保持开放的心态和长远的眼光，在一番详细的权衡后，做下一个适合自己的选择和决定，毕竟任何一项当时看起来很小的选择和决定都有可能影响你的一生。

无论是运用博弈思维去看待世界，还是看待自身，对于每一个人而言，都有着极其突出的意义。如果将人生看作一盘棋，就要怀着决战的心情认真地下好每一步，用博弈的心态努力对待人生道路上的每一场“厮杀”和拼搏。

求易思维：把复杂的事情简单化

没有一成不变的生活，可以说，每个人的人生都称得上跌宕起伏复杂无比，尽管这样，还是会有那么一群人，能够从纷繁庞杂的现实社会中一眼看出生活的本质意义，既不会让自己陷入“乱花渐欲迷人眼”的圈套，又能够迅速地为自己找到一条心想事成的捷径，不可谓不聪明。有时候，这是一种天生的本领，而更多时候，这也是逻辑学中的一种很经典的思维方式，即求易思维。

求易思维追求的是让复杂的事情简单化、抽象化，比如说将一段复杂的情感浓缩成几句铿锵有力的话语抑或几个字。

很多人对求易思维带着自身的偏见和误解，并因此全盘否定求易思维的有效性。事实上，将事情简单化的做法非但不应该是否定，还值得充分肯定乃至大力提倡，只因在现实生活中，这种思维方式不仅能够帮助人们节省时间和精力，往往还能够取得让人出乎意料的效果。

人的大脑是极其精妙的，能够存储很多细微而又复杂的信息，但这些“变化多端”的信息聚集在一起的时候，简直可以称得上是“广阔如天空、浩渺如大海”。大脑会自动对这些复杂而又庞杂的信息进行加工处理，提取或者概括出几个既简单又清楚的信息，再向人体下达命令。

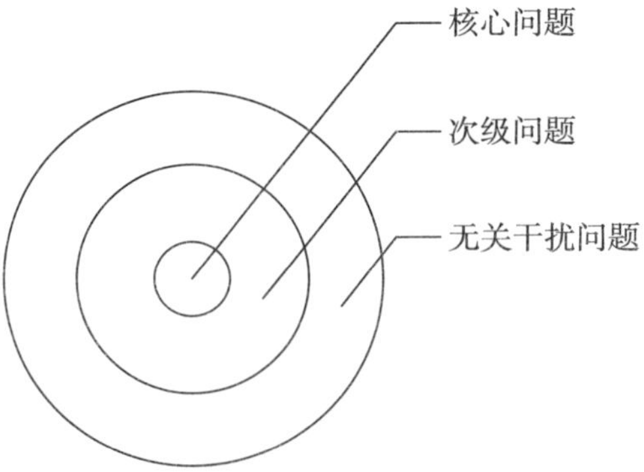

求易思维的关键在于化繁就简

将问题简单化往往是解决问题的最佳方法，比如说，我们上班的时候，如果这家公司的规章制度制定得太烦琐、太复杂，甚至让人记不住，它执行起来的难度可想而知会很大。一旦追责，涉事员工们要不相互推诿，要不胡扯一番，叫人无可辩驳。而一旦将这些条条框框、规章制度简单化，明确划定责任范围，管理起来是不是就轻松得多了呢？

夏轩自从接管家里的造纸厂后，便整日忙得焦头烂额。当他发现造纸厂经过多年亏损只剩下了个空壳的时候，便暗暗发誓，一定要让父亲一手创建的造纸厂在自己的手上起死回生。所谓新官上任三把火，他第一步要做的，就是要“整整”这些员工。

夏轩用几天的时间观察下来，发现厂里的职工们目无纪律，工作散漫，似乎他们每一个人都不清楚自己的职务范围，连该干什么不该干什么心里都没有一点谱，而且偷奸耍滑的问题实在是太严重了。夏轩沉着脸将经理叫到自己的办公室，质问他这究竟是怎么回事，难道厂里都没有一个具体的管理标准吗？

经理很为难地说道，厂里不但有自己的规章制度，而且还很详细，说着便安排秘书从档案室里为夏轩搬来了整整五大本管理条例。夏轩一看，每一本管理条例里所列举的条条框框都极其烦琐、啰唆。他随便翻了翻，直言直语道：“这些规章制度哪里有人能记得住，况且实行起来难度也太大了。”

当夜，夏轩熬了一个通宵，亲自设定了几条清晰明了的规章制度，命令经理下达了下去。夏轩所制定的条例无非就是在强调员工的纪律和工厂内的环境，以及一些其他的核心问题，但是却起到了让人意想不到的效果。一个月后，厂里上班时间内再也没有了职工们闲坐闲聊的现象，工人们按时上下班，工厂的生产井然有序起来。

庞杂烦琐的规章制度在具体的实行过程中反而会遇到很多阻碍，一旦将其简单化，往往能够取得奇效，这实在让人深思。

很久以前，一位神秘的预言家在古罗马的一座城市里留下了一个非常难解的结和一句话："一旦谁能够成功解开这个缠在一起的结，谁就能统治整个亚细亚。"为了证明自己才是有资格统治亚细亚的人，勇敢聪明的人纷纷赶至那座城市，想尽各种方法想要解开那个结，却都宣告失败。

马其顿的大将军亚历山大听说了这件事后，兴致勃勃地赶到了那座城市。当他看到那个神奇的结后，脑海中涌现出了无数种解决的办法，可是无论他怎么做，都没法成功打开那个结。亚历山大停了下来，他沉凝半晌，突然拔出佩剑，用力劈向那个结——困扰人们多年的结被顺利打开，预言也逐渐实现，亚历山大真的成为亚细亚的统治者。

亚历山大运用求易思维，成功想出了用利剑劈开结的方法。当所有人都想歪想偏并在一条死路上钻入了牛角尖的时候，亚历山大却突破思维定式，将复杂的事情简单化，并找出了一个最直接的解决方法，干净利落。

想要运用求易思维，将表现庞杂烦琐的事情简单化，我们就要训练对复杂信息进行加工，从中抓取最重要的信息的能力。有时候，我们在生活中遇见的事情表面上看起来很复杂，可是一旦抓住其中的几个重点，很多难题便迎刃而解。甚至很多脑筋急转弯都与这种求易思维息息相关。

成人要想熟练地掌握这种求易思维，就必须在接收到外界信息的同时进行信息加工、盘点、选择、过滤，养成了这个习惯后，我们才能清晰地判断出什么是有效的信息，什么是最重要的信息。而孩子天生就具备这种求易思维，他们的思维很直接，他们的设想总是简单而又大胆。只因他们的心灵单纯，还未学会“拐弯”。

大人和小孩在做一个互相提问的游戏。游戏规则是这样的，如果大人向小孩问一个问题小孩回答不出，小孩需要支付给大人一元钱；如果小孩向大人问一个问题大人回答不出，大人需要支付给小孩 100 元。大人一开始自信满满，觉得自己赢个小孩不在话下，便坏笑着问小孩道：“24 乘以 2 再除以 2 是多少？”小孩想了想，摇了摇头，叹着气将一元钱递给了大人。

轮到小孩提问了，小孩张口就问：“你说我有多少根头发？”大人愣了，心想这是什么怪问题？想了半天，无奈地掏出了 100 元给了小孩。看着小孩狡黠的笑容，大人不服气地问道：“你自己知道问题的答案吗？”小孩干脆地摇了摇头，扔下一元钱便蹦蹦跳跳地离开了……

为什么这个故事中的小孩的智商完全碾轧了大人的智商呢？这是因为小孩看待问题的方式“简单粗暴”。生活中的智者习惯于将复杂的事情简单化，而愚钝的人却总是将简单的事情复杂化。有时候，我们需要像孩子那样去思考问题。

4

LOGIC

逻辑教你不犯错，说得对不如说得巧

第十课

提问需要逻辑，逻辑让你妙语连珠

问题越简单越直接越好

2012 年，央视在五一黄金周期间推出了一档大型主题采访栏目，贯穿整个长假，十分受人欢迎。节目中，央视记者们手持话筒，逢人就问："你幸福吗？"简单直接的问题通常叫人一愣，随即会心微笑起来。一时间，"你幸福吗？"成为网络热词，极其流行。

面对"你幸福吗？"这个简单直接的问题，各种各样的人也给予了真实的回答。盘点这些来自不同阶层、不同身份的人的回答，有的令人爆笑，有的温情无比，有的情感真挚朴实无华，有的细腻充沛充满展望。

而"你幸福吗？"这个简单问题所激发出来的深厚情感在普通群众中掀起的狂潮也远远超出了栏目组的预期，叫他们深感惊喜。为什么这个问题能够带来这么大的魔力呢？原因恰恰在于它的简单与直接。

它的简单与直接，看起来朴实无华，背后却蕴藏着厚重而深邃的含义，毕竟“幸福”这个主题既深又广，可发挥的点实在是太多了。正是因为它的简单与直接，被问到问题的人往往来不及反应便做出了下意识的回答，使得这些回答里蕴含的情感更真实可信，更能够打动电视机前的观众们。

在现实生活中，如果我们有向别人提出问题的需要，很多时候都可以采用简单直接、单刀直入的询问。切记，在很多情况下，问题都是越简单、越直接，所能产生的效果就越好。这是因为，复杂的提问往往更容易出错。

复杂的提问之所以更容易出错是因为这样的问题里包含的逻辑关系实在是太多了。沟通的过程中，你的“长篇大论”式的提问经常让人抓不住重点，搞不明白你到底要问什么。下面我们来分析一下现实生活中常见的几个情景对话：

情景一：“你刚刚是在说小红和小明玩踢毽子，然后小云抢了他们的毽子跑掉了，小红怪小明没有拿好毽子被小云抢走了，两人打起来了结果误伤了小花？小红哭了，小云回来还了毽子，小雨跑掉了？什么和什么啊，太复杂了！我实在是听不懂！”

情景二：“你刚刚说的实在是太混乱了，请问您究竟是想投诉这名员工的哪种行为呢？”

情景三：“你究竟是第一段话不理解呢，还是整篇课文的中心思想都不太清楚呢？能再简单复述一下你的问题吗？”

生活中，如果对方认真倾听了你的提问，同时没有任何外力的阻扰仍旧一再要求你重复问题，你就要反思自己的表达是否符合清晰明了的标准了。不管是在谈话或者是在提问的过程中，都不要将这场沟通当作自己一个人的独角戏，而要顾虑对方的立场，尽量让自己的表述更简洁有力，让人一听就明白。

读书看报的时候，要是偶尔一句话没看懂还能再三返回去将那句话仔细揣摩，直至完全消化，而谈话的过程是即时性的，一个问题你当时没有表达清楚，便可能丧失了让对方为你解答的机会。把握住每一次提问的机会，尤其是在面对重要的谈话人物的时候，让你的问题更简洁有力，更简单直接。

不要将简单问题复杂化，哪怕真的遇到了极其复杂的问题，也要尽量将其简化，阐述的过程中突出重点。一个提问者之所以会提出逻辑复杂、语言混乱的问题，有下面两个原因。

- 提问者在提问之前没有及时整理思路，导致他自己也不清楚自己到底需要表达什么意思。

很多急性子在提问之前，心里可能有一连串模糊的问题，当他想一口气将这些问题都说出来的时候，却越说越冗长，越说越混乱。这时候，他越想弄清楚这些问题的答案，表达得就越纠结复杂。在日本，有一种情绪心理方面的疾病被医生概括性地称为“短句子恐惧症”，患者说话啰唆，经常控制不住地将几句话连在一起来说，让人听不清楚他到底要表达什么。

想要避免这种情况，就要在提问之前给自己足够的时间来思考，来整理思绪，然后逐步向对方提出一个个简单而又明确的问题。

- 提问的时候分不清主次，导致越说越乱，越说越没有重点的情况。

生活中一些人提问的时候向来不注重逻辑，经常一个问题里会出现好几个关键词，让人不知道究竟哪个关键词指代的问题才是提问者想要表达的主要矛盾，更不知道从何答起。提问之前要审视你的问题，如果短短几句话里蕴含了好几层意思，你就要注意你的表达方式了。

举一个例子来说，有个人电脑黑屏之后，问同事说："我的电脑黑屏了，搞不好是电源开关坏了，但也有可能是显示器内部电路故障的问题，还是其他的原因呢？我昨天把电脑借给朋友用了下，回来就觉得不对劲，该不是朋友用坏了，你帮我看看是什么原因吧……"同事正好在忙着别的事情，听他说了一大通啰唆没有重点的话就觉得头疼，直接回他说："我也不太清楚，你还是自己解决吧。"

很显然，这个人的请求并没有得到帮助，如果当时他直接对同事说："我的电脑不知道为什么黑屏了，能耽误你两分钟时间帮我看看吗？"可能效果要好得多。

提问的时候要分清主次，抓住主要矛盾，突出重点。千万不要大小问题都夹杂在一起成了一锅烩，让回答的人摸不着头脑。

语言学家通过研究发现，人的短时间记忆能力只有 7 秒，依据这个前提，你的问题越简单、越直接就越能产生好的效果。如果一个句子太过冗长，或者逻辑关系太多，一定会让倾听者头疼不已，不如开门见山，简单直接地表达出你的主要意图，反而能够"逼"出对方最真实、最真挚的答案。这些都是出色的语言逻辑高手需要掌握的技巧。

想要问得符合逻辑，你需提前分解问题

在我们学习工作的过程中，经常会因为不能提出有逻辑又简单有力直指人心的问题而失去很多提升自我的机会，这是一件很值得

让人惋惜的事情，毕竟强大的逻辑思维是可以通过后天训练而获得的。相反，我们也会因为不能及时理解对方的提问而不能做出回答，导致彼此的沟通出现了障碍，浪费了太多的精力和时间。

丽莉和晓林是一对甜蜜的情侣，这一天却因为一件小事闹起了别扭。快下班的时候，丽莉接到了晓林的电话，电话那头，晓林的声音甜腻而温暖："就快下班了，想好了晚上要吃什么了吗？"

丽莉犹豫了一下："要不，吃火锅吧……"

"行啊，那就吃火锅吧。"

谁知话音未落，丽莉就"惨叫"一声："不行！我想起来了，我脸上起了一颗痘痘，不能吃火锅！"

晓林保持着耐心："那我们究竟吃什么呢？"

"要不吃日本料理？"没等晓林说完，丽莉又直言直语说："要是吃日本料理又怕肚子疼。吃泰国菜吗？哎呀，那家泰国餐厅太远了……还是吃中餐？等的时间又太长了……"

晓林啼笑皆非："到底吃什么啊？"

"我已经回答你了啊！"丽莉不满地说道

晓林犯了难："这样吧，你说去哪儿吃啊？"

丽莉列举道："去吃肯德基？算了，都是汉堡炸鸡也没什么好吃的。吃金鼎轩？人那么多估计要排到9点多。吃小面馆？没空调热死，还是金元酒楼得了，只是最近吃太多次了，腻都腻死了……"

"你到底吃什么啊？"晓林有点不耐烦了，稍稍提高了声音。

"我不是已经回答你了吗？你这人怎么这样啊，算了算了，今晚我加班，不陪你吃饭了！"丽莉一闹小脾气就挂了电话。

仅仅一个简单的对话，两个人就闹得不欢而散，之后还冷战了几天。其实两人之所以会发生这种沟通不畅的情况，都是因为丽莉误解了晓林的问题，当晓林问丽莉“吃什么”“去哪儿吃”的时候，原意是让丽莉做一个决定，但是丽莉却理解成了晓林是在问自己几种可供选择的答案，结果闹得一个无可奈何，另一个生气不已。

如果晓林在提问之前，将自己的问题分解成一个个小问题，再耐心包容点儿，就不会惹得让丽莉如此生气了。实际上，这只是生活中再平常不过的一场小风波，简直是微不足道。但如果这种情况发生在某些重要的场合的话，损失的可就不是一点了。试想一下，如果晓林和丽莉分别是两家公司的谈判代表，在谈判中他们依旧这样任性，提问既不够谨慎又不够细心，还由着情绪做事，岂不是会给双方的公司都带来巨大的损失吗？

要想学会高手们的口才逻辑，就要学会分解问题的技巧。这里的“分解”，指的不仅是分解自己的问题，还包括别人的问题；考验的不仅是你的表达能力，还有你的理解能力。分解自己的问题，在方便对方回答的同时更有利于套出对方回答里的有用信息；分解别人的问题，你在回答的时候就可以避免答非所问、牛头不对马嘴的情况。

做数学题或者是物理题的时候，我们经常会运用到分解问题的技巧，当我们将问题中的所有条件和要素都一一分解、列举在眼前就会发现，这种分解问题的方法会使得我们的答题思路越发清晰。

分解问题的能力十分重要，它需要借助逻辑思维的力量，可以把逻辑变得更清晰、更完善。如果我们是一个提问者，就该从下面这三个方面来训练自己分解问题的能力。

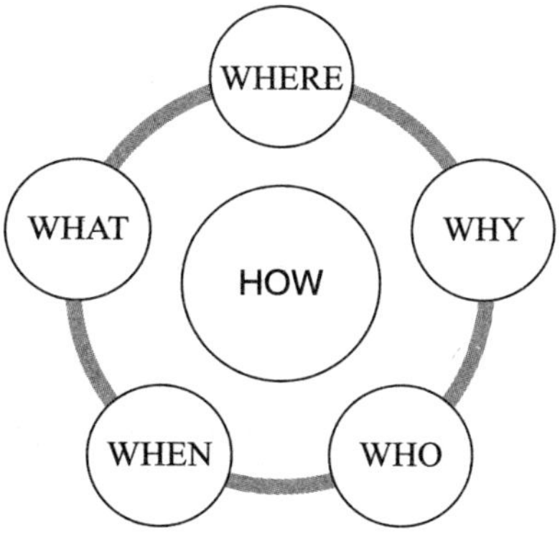

● 把握解析“5W+1H”的方向性问题的技巧。

我们在生活中所面临的最简单的提问句莫过于“5W+1H”，包括：When：什么时候；Where：什么地方；Why：为什么；What：是什么；Who：什么人；How：怎么做。这些都是属于方向性的问题。

拿“Where”的问题来说，诸如“你星期天准备去哪儿旅行”“你昨天去哪儿玩了”之类的问题都是属于方向性的问题。每一种方向的疑问句都有属于自己的提问方式，你问的是“What”方向的问题，就不能用“Why”等其他方向的疑问词。在分解自己的问题之前，首先要了解自己的问题具体包含什么内容，是哪个方向的提问，再根据这些信息分解问题，选择合适的疑问词。

● 提问的过程中抓住重点，着重强调。

比如我们提的是一个“When”方向的问题，就要将重点放在时间上面；如果我们提的是一个“Who”方向的问题，就要将重点放在人上面。总之，一定要抓住重点，然后着重强调，其他该省略的省略，该淡化的淡化，这样会使我们的问题更有条理，更有逻辑，对方回答的时候也能够围绕着你的重点来答，不至于出现跑偏的情况。

你要确保你的问题带着强烈的目的性，不要用词模糊，主次不分。只有带着强烈的目的性，对方在回答问题的时候才会更加清晰，你们的交流才会进行得更顺利。

● 你所提出的每一个问题最好只包含一个疑问因素，至于疑问词，更不能多于三个。

有时候疑问词太多就会导致问题逻辑混乱、表达不清。在提问的时候，你要确保你所说出的每一个完整的句子最好只包括一个方向性的问题。毕竟人的大脑采集信息的时候是有局限性的，普通人很难同时对多个信息进行比较、分析，然后在短时间内组织出切实有效的答案。提问的时候疑问词太多，很容易让对方卡壳，一时思维混乱，不知道从何答起。

添加限定条件，让问题更具体

生活中，我们所遇到的大多数问题都不是简简单单的“是”或者“不是”所能回答的，毕竟人生中的很多事情不是简单的是非对错所能概括的，除了“黑、白”之外，必定存在着所谓的“灰色地带”，哪怕是在语言领域也不例外。

很多语言逻辑高手们极其善于利用语言中的“灰色地带”来模糊对手，转移焦点，这时候，我们可以尝试着给问题加一个限定条件，或者将问题问得细致而具体，“逼”得这些语言高手们不得不给出一个明确的答案。

我们都很熟悉的是，大多数数学、物理的练习题都有限定条件，这些限定条件既能够简化问题，同时也能够训练学生发散思维。而在沟通的过程中，你若能够学会给问题添加限定条件，就能够巧妙地问出想要的信息。

而具体、细致的提问过程能够帮助我们更快地接近事情的真相，能够帮助我们获得更多有用的信息。提问最忌讳空泛、笼统、不着边际，这会使得对方不得不用一些含混不清或者空洞无味的空话、套话去应付。

给问题添加一个限定条件，可以将对方的回答限定在某一个明确的范围内，阻止对方借用“可能”“好像”等模糊不清的词语向“灰色地带”蔓延。尝试着去问具体的问题，引导对方做出逻辑清晰、指向明确的回答。

逻辑既然是一门绕圈子的学问，那么，语言高手们自然也就能够利用逻辑来跟你兜圈子，若不想把时间和精力浪费在这上面，你在提问的时候，就要有意识地给问题添加限定条件，将对方能够回答的范围缩小，甚至不得不回答你“是”或者“不是”。要努力让你的问题具体、详细起来，你问得越具体，越方便对方回答你的问题，也就使得你们双方的沟通更有效。

有一个童话故事，善良的女巫安排王子去救被困在城堡里的公主，一路上王子必须获得“勇气之剑”“魔法之鞭”才能成功打败恶魔，救出公主。通向城堡的路有三条，而“勇气之剑”“魔法之鞭”只藏在其中的一条路上，为了让王子能够顺利拿到“勇气之剑”和“魔法之鞭”，女巫在其他两条路上设置了障碍，逼得王子不得不走指定的那条路，最后成功拿到了武器，救出了公主。

语言也是一样，尝试着给问题加一个限定条件，对方才不会从你的逻辑里挑出漏洞，从而规避你的问题。同时，给你的问题加一个限定条件，也会让对方更容易回答，这会使你们的交流更顺畅。

而当你问得越具体越详细的时候，你得到的信息就会越多，当你收集到足够的信息，你对你想要了解的事物自然也就了解得越发透彻。

著名主持人蔡康永说，问一个人喜欢去什么样的国家旅行，比不上问他旅行时是否被骗过钱；问一个人喜欢什么样的男生，比不上问他喜不喜欢王力宏那样的男人。

蔡康永的意思是，前者的问题虽然看起来很友善，也很安全，但是范围太过广泛，如果对方不善于归纳整理或者懒得去动脑筋，又或者不愿意给你真实的答案，你所能得到的答案极有可能既无聊又无意义。后者却将所问的问题添加了一个限定条件，给问题归纳了一个具体的方向，自然也就给答案划定了一个大致的范围，这使得整场沟通和交流规范在你感兴趣的事情上，也就会更容易得到想要的答案。

你不用问“你喜欢什么运动”，你可以问“你喜欢游泳还是爬山”；你不用问“你喜欢看哪种书”，你可以问“你喜欢看言情小说还是散文”。你问得越具体，对方回答得就越准确，你就越能够得到想要的答案。

邓文冰作为谈判代表出席一场商务谈判前的聚餐时，助理小何突然指着对方队伍里的一个年轻人，兴奋地对他说：“那是我的大学同学，我们已经好久没有见面了，想不到竟然会在这里碰到他！”

邓文冰一听就来了兴趣：“那太好了，我正对明天的谈判毫无头绪，既然那边团队里有你的熟人，不如你过去打探一下消息吧！”

小何一听，自信地点点头，踌躇满志地走了过去，只见他大方地跟老同学打了个招呼，两人便开始交谈起来。邓文冰仔细观察着他们，不一会儿，小何便垂头丧气地回来了。

“怎么样？”邓文冰问道。

小何沮丧地摇摇头：“这小子口风真紧，他什么也没说。”

邓文冰皱起眉头：“他真的一个字也没透漏吗？”

“那倒也不是，他就说了‘很复杂’这三个字，可是这也没什么用啊……”

邓文冰低头思忖：“你还记得你问的问题吗？”

“我问他‘你们团队是怎么做决策的’，结果他就回答我‘很复杂’……”

邓文冰一听便笑了起来：“你问的问题太笼统了，难怪他不愿意回答你，你提问的时候一定要确保对方能回答你的问题，要不尝试着给你的问题加限定条件，要不就问得详细具体些，让对方难以回避……”

邓文冰继续说道：“记住，你问他‘你们团队是怎么做决策的’不如问他‘你们团队是用全体投票的方式来做决策的吗’问法不同，结果也就不同。”

小何点点头，恍然大悟的样子。

尝试着给你的问题加一个限定条件，将问题具体化，既有利于沟通，也让答题者没有机会转移问题，这样，你就可以成功地得到对方的正面回答，相信这个答案也会更加精确。

真相躲在逻辑后，寻找被忽略的信息

很多年轻人都很喜欢看侦探推理小说，通过阅读这些故事，我们知道了一个道理：太多时候，仅仅靠问，是不能够找出真相的，因为真相往往并不都存在于对方的回答里，而是隐藏在那些被忽略的信息里。通过逻辑找出真相，寻找到那些被忽略的信息，是这时候我们需要做的事情。

那么，如何才能找出那些被忽略的信息呢？这要求我们从头至尾都要保持着理性的头脑和清晰的判断，无论对方给出的答案有多令人信服，给出的理由有多吸引人，都不要轻易相信，而要耐心倾听，认真分析，积极地动用逻辑思维来找出这其中的联系和矛盾，尤其要关注细节，这样才能一步步拼凑出那些被刻意绕过的信息。

孝琳是一个资历尚浅的娱乐记者，然而就在不久前，她居然采访到了一位十分有名的女明星，让圈内人大跌眼镜。实际上这与孝琳过人的逻辑思维能力分不开。那一晚，女明星在电影界上获得了一个颇具影响力的影后桂冠，下台后，经纪公司特意为她安排了一场记者会。

当时，来自上百家媒体的记者们簇拥着这个刚刚获得影后殊荣的女明星，不停地询问着一些八卦绯闻，却很少有人将焦点放在她手里拿着的奖杯上。大家都知道明星们在答记者问的时候，都是很愿意配合记者的提问的，哪怕问题尖酸刻薄、犀利无比，只要有曝点，只要能够帮助明星获得足够的曝光率，他们一般都会配合炒作。

然而，此明星却一反常态，不仅全场冷着脸，还惜字如金。孝琳当时看到女明星的表现心里就有一种奇怪的感觉。孝琳还注意到，女明星一开始紧紧地握着手里的奖杯，一直刻意地举在胸前，记者提问不久后，她却兴致索然地放下了奖杯，嘱咐了几句，便递给了身旁的助理。记者会在一片嘈杂而又尴尬的气氛中草草收场。在经纪人、保镖和一群助理的保护下，女明星匆匆离开了现场。

其他的记者们一哄而散，而孝琳却果断去了女明星下榻的酒店蹲点。当她等到女明星的时候，已经是凌晨2点，看着迎面而来的女明星一行，孝琳小跑上前，不顾保镖的阻拦，大声问道："这是您得到的第一个主流电影奖的奖项，请问您有什么特殊的心路历程？"看着孝琳青涩的面孔，真诚的眼神，女明星突然生起了兴趣，她吩咐助理将孝琳带去自己的房间，两个人详谈了起来。

原来女明星原本以为，此次获奖的经历，会为她一举洗脱"花瓶"的称号，想不到媒体们的关注点还是在她的八卦绯闻上，只有孝琳，通过蛛丝马迹，敏锐地察觉到了女明星隐藏在心底的情绪，这才成功抓住了这次机会。后来，孝琳和女明星成为很好的朋友，她为孝琳介绍了很多资源，孝琳以此为契机，一步步成长为一个资深的娱乐记者，凭着她杰出的逻辑思维能力和强大的交际能力，在圈内圈外都获得了很好的人缘。

想要找出那些被忽略的信息，除了要保持冷静的分析和判断，还可以利用特殊的提问技巧。提问的方式很重要，愚蠢的问题是不可能得到有用的信息的，而高明巧妙的提问却能不露痕迹地帮助我们引出最想要的答案。除了要注重提问的方式，亦要注重问题的全面性。若是问，就要问得全面而具体，逐步深入，逐步将对方引入你精心设计好的"坑"里，再慢慢挖掘出那些被忽略的信息。

想要找出那些被忽略的信息，我们还要观察对方的微表情和肢体动作语言。这种方法能够帮助我们更轻松地找出某些重要的信息。每个人脸上都有着微表情，每个人都有着自己独特的肢体动作语言，不管是撇一下嘴，还是挑一下眉，又或者是捋起衣袖，踮起脚尖，这些微表情和肢体语言都有着丰富的内在含义，可以说，这些微表情和肢体语言是对方内心某种心理的真实映照。掌握了这种“攻心术”，一些重要信息就能不攻自破。

想要找出被刻意忽略的重要信息，就要运用强大的逻辑思维能力，将以上三点都总结起来，耐心观察、仔细倾听、用心捕捉。那么，在我们谈话交流的过程中，究竟什么样的信息容易被忽略呢？

● 具体的价值观偏向或是真实的立场容易被刻意地忽略。

谈话高手们往往会在第一时间表明自己的“中庸”立场，将真实的价值观隐藏起来，以增加自己言语的可信度，达到成功向对方灌输某种观点的目的。我们在与其对谈的时候，一定要注意此类问题。

● 论证中列举的“事实”来源的可靠性被有意识地忽略。

很多人在谈话的过程中会列举案例来佐证自己的话，他们信誓旦旦地称之为“事实”，但在强调这些“事实”百分之百准确无疑的同时，却会有意无意地忽略这些事实的来源。这时候，我们不要轻易地被对方“诚恳”的眼神，信誓旦旦的口气所忽悠，一定要问一句对方口中的“事实”是不是经过权威研究出来的可靠结论，并请对方说出这些“事实”真实的来源。

● 用来获得“事实”的方式、步骤、细节等被刻意忽略。

哪怕对方提供了“事实”的来源，我们也不要轻易相信这个“事实”的可靠性，而要反复询问获得这些“事实”的方式、步骤以及相关的细节，一旦意识到对方存在刻意隐瞒的情况，就要产生警觉。比如说，如果对方说他口中的“事实”来自一份调查问卷，我们刻意相应地问：“这份调查问卷的具体问题都有哪些？”“参与了这份调查问卷的有多少人？”“被调查的对象发现自己内心真实想法和问卷选项毫不相同，是否有机会说出真实想法？”

细心观察对方所提供的数据、表格等信息是否有遗漏或被修改的地方。

人们往往会运用数据或者是图表的方式来佐证自己的说法，这时我们就要注意这些数据是否存在故意“放大”或者“缩小”的嫌疑。

想要避免得出错误的结论，从对方的只言片语中寻找出被刻意忽略的信息，就要循着巧妙的逻辑，细心观察，耐心询问，小心验证，不断接近真相。我们应该时刻不忘反问自己：“对方有没有遗漏什么重要的信息？”

骗人的数据

我们经常会被数据所欺骗，之所以会发生这样的情况，有时候是因为数据统计得并不完整，有时候是因为“数字是死的，而人的分析却是活的”。为了佐证某种说法，得出某种结论，我们需要对通过各种渠道掌握到的数据进行分析，这时候，就到了这些数据“骗人”的时刻。

比如说，很多人在买车之前会详细了解各种车的试驾报告，将那些数据当作重要的参考依据。但汽车行业的资深人士都知道，买车不一定要买数据表现最好的那辆，因为数据并不完全等于车的性能，要想不被数据欺骗，就不要一味相信数据。

大多数外行人一不小心就会被数据参数忽悠，实际上数据表现和实际表现完全是两回事。一辆车是否性能突出，是否适合消费者，与它的数据并没有直接的联系。好车会将均衡性作为追求，而不是数据。

在生活里，会欺骗人的数据太多了，我们一定要保持理性的思考，不要被这些“唬人”的数据忽悠。

肖玉是一个很宅的人，虽然也是个爱美的女孩，她却一直都不喜欢旅游、逛街这些活动，而网络购物的出现满足了她大部分的需求。只要生活中需要的东西能够在网上买到，她基本上都会选择去网上购买。大家都知道，网购虽然简单方便，却又很容易买到假货，为了尽量避免这个风险，肖玉在购买物品前，往往会仔细看一下买家评论，一旦好评率达到了一定的数量，肖玉就会放心地下单；但凡出现差评，肖玉就会果断将这家店 pass 掉。

后来有一天，肖玉偶然在网上看到了一个兼职招聘信息，出于好奇，她加了招聘信息中留下的 QQ 号，成功地将对方加为好友后，经过一番交谈，肖玉才明白，这个兼职工作与“刷单”有关。首次听到这个词语的肖玉感觉像是被打开了新世界的大门。她这才了解到，网店为了获得单品或店铺较好的搜索排名，会雇用水军进行刷单，而这种销售作假的行为明明就属于一种欺诈营销。感到受骗的肖玉一想到自己以前居然对网店买家好评及差评数据如此信任，就觉得自己幼稚无比。

我们来分析一下这句话：某市的城镇化进程进一步加强，发展日新月异，去年一整年，该市市区现代化办公楼的数目增长了 80%。

80% 是一个很大的数字，看上去“成果喜人”，但是仅仅一个 80% 的描述是不足以佐证其所阐述的事实的。这句话只刻意地提出了 80% 这一百分比，却没有出现明确性的增长数字，导致其可信度大打折扣。

再拿这句话来说：虽然大家都对滑雪这项运动心存恐惧，觉得它实在是太危险了，实际上滑雪的危险度比驾驶汽车要低得多。上个月，本市死于车祸的多达 207 人，而死于滑雪事故的却不到 5 人。

虽然上面这句话里出现了很明确的数字，却并没有讲明比率，所以说由这个数据得出的结论并不值得被完全信任。不管怎么说，驾车的总人数一定会比参加滑雪运动的总人数多很多，如果不讲明参加这两种活动的人数的百分比，只拿死亡人数来做对比，未免有失偏颇。

在你看到一份数据的当下，不要轻易相信数据流露出来的表面意思，想要评断这些数据的可信度，你还得多多收集一些其他的信息。

数据之所以会骗人，还在于另一种情况：即忽略了“相对比较”。数据在相互比较的背景下会显得更为准确真实，除去这一背景，很有可能会展现出某种“骗人”的效果。

拿下面这句话来说：现如今，很多娱乐圈年轻“小花、小鲜肉”的片酬太高了，比如 ××× 演员一集电视剧的片酬就达到了骇人听闻的 200 万元，由此可见娱乐圈片酬机制太不正常。这句话里并没有介绍整个娱乐圈行业的片酬情况，我们也不能以此数据来判断整个娱乐圈片酬机制的现状，但是此数据的确具有很大的煽动力，普通人会主动接受这个数据带来的影响，却懒于去收集其他的数据来佐证自己的判断。

当我们遇到统计的不完整，关键信息缺失，忽略了“相对比较”的数据时，一定要先问问自己：是否还有其他可深入挖掘的地方，这样才不会被数据轻易欺骗。

还有种说法是，数据不会说谎，但是人们在收集、分析数据的过程中总免不了受到各种各样的因素影响，当使用统计数据的方法不当的时候，就会导致虚假数据出现。同时，一些人为了自己的利益，会通过各种手段对数据进行修改或编造，导致不少迷信数据的人上当，从前文中网店刷单的案例我们就可以清晰地看到这一点，下面我们再来列举一个案例。

晚饭后，笑笑一家三口正聚在客厅看电视，突然笑笑被一个牙刷广告所吸引。电视屏幕上笑容明媚，牙齿白净的美女正举着某款电动牙刷，自信地说：“专业口腔护理 60 年”“专注电动牙刷工艺 60 年”“一分钟 5000 多次的转速，快速洁净你的口腔，消除你的牙菌斑，让你的口气更清新”……

“这款电动牙刷看起来很好，要不我们买来试试？”听着电视里诱人的声音，笑笑很动心。丈夫小康却很质疑：“这款电动牙刷的牌子怎么没听说过啊，你看这个广告语说得多夸张，我看是虚假广告……”

“那倒也是，现在夸张的广告太多了……”笑笑心里又迟疑了起来，没一会儿，这个念头便被她抛到脑后了。不久后，这个广告就从电视上消失了，原来市监管局经过调查后，发现广告的制作方公司并不能够提供证据去证明广告中的数据和内容，根据《广告法》，市监管局将该条广告判定为虚假广告。

可见，面对数据，我们要保持着理性的态度，不要去盲目相信，引用的时候更需要查清来源，验证其真实性。

第十一课

谈判需要逻辑，逻辑让你步步为营

论证三段论：最经典的唬人形式

在逻辑学中，三段论可以说是一种最普遍又最经典的论证方式。古希腊哲学家对于逻辑学最突出的贡献在于其提出的三段论学说。一个三段论是由大前提、小前提和结论这三个部分来论证的。要说亚里士多德论证三段论究竟指的是什么，它无非就是一种演绎推理，一种形式逻辑，如果大小前提都是真的，那么结论也一定是真的。

在逻辑学中，三段论可以说是最精华的部分，它在生活中的应用频率和应用范围极高，几乎每一种语言环境都离不开三段论的影响，可以说，三段论要比其他一些推理形式受推崇得多。

打个比方，古文《庄子·秋水》中描写了这样一个故事，庄子与惠施在濠水旁观赏风景，微风吹拂，水中鱼群游得欢快至极，庄子便说：河里的鱼游得如此从容欢快，可见是很快乐的。

惠施针锋相对：你又不是鱼，如何知道鱼快不快乐？

庄子微微一笑：你并不是我，如何知道我并不知晓鱼的快乐？

惠施不甘示弱：我不是你，当然不知道你的想法；而你肯定也不是鱼，自然也就对鱼是否快乐一无所知。

仔细揣摩这段辩论，我们便能知道，二人的每一句话都运用到了三段论，我们来简单分析一下。

大前提：游得从容欢快的鱼是很快乐的。

小前提：河里的鱼游得从容欢快。

结论：鱼很快乐。

大前提：鱼自己才知道自己是否快乐。

小前提：你并不是鱼。

结论：你并不知晓鱼是否快乐。

大前提：只有自己才能了解自己。

小前提：你不是我。

结论：你并不了解我。

这段争辩名垂千古，让后人铭记至深。庄子和惠施在对话中反复使用三段论的基本形式，你来我往，好不有趣。三段论在现实生活中的应用实在是太普遍了，堪称最经典的“唬人形式”。再举个例子来说：如果大前提是正常人天生就有两条腿，小前提是于明是个正常的人，那么便可以推导出结论，于明有两条腿。

而生活中有很多逻辑混乱的三段论，听起来很高明，实际上都是“唬人”的伎俩。语言逻辑高手们认为，这些唬人的三段论一般会采取下面这几种方式：

● 利用同义词或者近义词偷换概念，从而迷惑听者。事实上，哪怕是相同的词语出现在不同的语言环境中，其背后的意思不一定相同，所能产生的效果也不一样，这种偷换概念实际上玩的是一种文字技巧。例如：

大前提：太极是中国人独创的功夫。

小前提：艾乐是中国人。

结论：艾乐十分擅长中国功夫。

实际上大前提中的“中国人”与小前提中的“中国人”指代的含义是截然不同的，将两者混为一谈，就是为了让听者陷入文字陷阱中去。

● 自设一个模糊的概念来唬人。在生活中，我们经常会听到一些语义模糊的概念，这些概念一般都是说话的人自设的，因此经常带着很浓的主观色彩。例如：

大前提：公司领导们要求所有的员工在打扫卫生的时候像是在打扫自己家里一样用心。

小前提：刘波是公司里的一名员工。

结论：刘波在打扫公司卫生的时候像是在打扫自己家里一样用心。

在这段逻辑里，“像家里一样”根本没有一个具体的标准，一切都由公司领导说了算，这就是典型的“自设概念”唬人的案例。

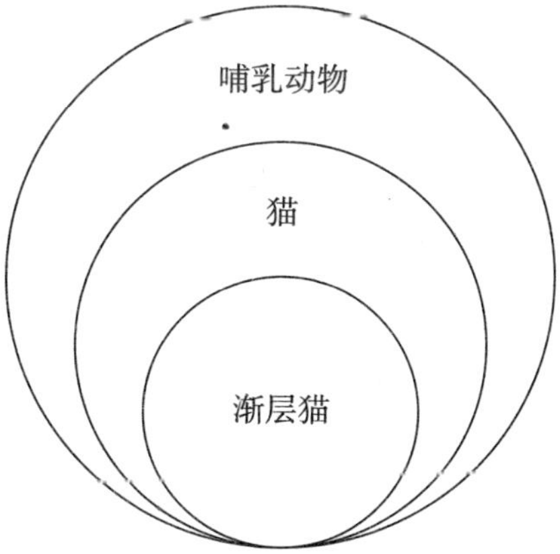

简单的三段论

● 运用“强盗式”的逻辑

强迫对方接受。美国在西部大开发的时候曾在各个州都打出了一个相同的宣传口号，我们分别列举这段宣传口号中的大前提、小前提和结论，并进行简单分析。例如：

大前提：全世界所有的资源都是人类共享的。

小前提：西部是人类宝贵的资源之一。

结论：美国人作为人类一分子有权进行开发。

美国人打着这种强盗式的逻辑伎俩开始了历史上极为著名的西进运动，听起来似乎很合理，实际上谬误百出，根本不值得相信。

谈判中如何讨价还价

一个经验丰富的谈判专家替妻子与保险公司进行理赔事宜的交涉，双方将谈判地点约在了专家家里的客厅。保险公司的理赔员试探着问道："先生，我知道您是知名的谈判专家，您以前处理的都是一些巨额款项的谈判，恐怕我方无法承受您的要价，我们公司决定出 1000 元的赔偿金，您看如何？"

谈判专家表情严肃，端起茶杯，轻轻抿了一口茶。按照他以往的工作经验，他知道，无论对方提出的第一个条件是什么，他都会表现出不满意的态度，然后等着对方作出反应。

果然，理赔员沉不住气了："实在是抱歉，如果您不满意之前的提议的话，那我方再加 1000 元如何？"

"抱歉，我们无法接受。"谈判专家冷着脸，僵硬地答道。

理赔员慌了，咬牙道："那我们再加 1000 元，您总可以满意了吧！"

专家慢条斯理地喝了口茶，淡淡道："再加1000元？我不知道。"

理赔员皱着眉，对面谈判专家的态度给他造成了一股巨大的心理压力，他想了会，咬牙道："那我们这边再加1000元，一共是4000元，您看怎么样？这是我们最后的底线了！"

"成交。"谈判专家站起身来，向理赔员伸出了手。

不管是国家与国家之间的贸易往来，还是一些政治性的谈判，生意场上的角逐竞争，或是日常生活里的交易往来，很多时候都需要双方去讨价还价般地争取己方的利益。如果讨价还价的双方有一方在逻辑上处于劣势，或是不懂博弈的规律，一定会被淘汰出局。

智者常说，人生如棋，下错一着，便可能万劫不复。把自己当作棋手，每走一步都要揣摩透彻，谨慎万分，力求胜利。每一个人的命运都是一盘错综复杂、变幻多端的棋局，要想在这场讨价还价的对弈中取得最后的胜利，就要利用逻辑的力量来帮助你顺利地走过每一段旅程。

春秋时期，有一年郑国发洪水，一个郑国人乘船过河的时候不小心掉入水中，不幸溺水而亡。洪水湍急，那个郑国人的尸体一下子就被冲得无影无踪。这个郑国人的家人亲朋伤心不已，四处布下了告示，要寻郑国人的尸体。两日后，一个船夫正巧发现了这个郑国人的尸体，他找到了死者的家人，挟尸要价，气焰嚣张。郑国人家属不愿答应对方的无理要求，双方僵持不下。

正巧当时名家学派的创始人邓析也身在郑国，郑国人家属感慕他的威望，特地前去拜访请教，如何才能应付对方的狮子大张口。邓析微微一笑，回道："何必着急？对方根本不可能将尸体卖给别人。”船夫听说这件事情后，心里着急，也来请教邓析，邓析慢条斯理，不慌不忙：“你也不必急，死者的家属在别的地方是买不到尸体的。”

名家邓析的逻辑思维清晰无比，他的意思无非是死者家属若能接受高价，船夫便能以高价卖出；而船夫若能接受低价，死者家属便能以较低的价钱赎回尸体。所以他建议双方，在这一场博弈的过程中都可以跟对方理性地讨价还价。

在商务谈判中，有两个分别叫作“先动优势”“后动优势”的概念需要我们进行深刻理解。当谈判正处于一个多阶段博弈的过程中时，一旦处于单数阶段，先开价的一方就掌握了“先动优势”；一旦处于双数阶段，后开价的一方就占据了“后动优势”。这段话听起来拗口，实际上在现实意义上的商场竞争中十分普遍。

不管是“先动”还是“后动”，都有着其各自的优势。前者占据着“位置”优势，这个“位置”包含的范围极广，可以是“时间定位”“价格定位”，也可以是“产品定位”“生产定位”等；而后者则占据着“信息”优势，后发制人，后发的人可以吸取前人的经验，可以掌握前人无法窥测的信息，这就是“后动优势”。

大多数中国人每年都会在大年三十的晚上守在电视机前，观看中央电视台的春节联欢晚会，这样一台盛宴几乎已经成了与年夜饭一样不可缺少的存在，超高的收视率自然吸引来了很多广告商。近年来，各地卫视也纷纷开启了地方春晚的“大戏”，但是时间安排上却犯了难，若是在年三十晚上播出，大家的关注点主要还是聚焦在春晚上，地方春晚肯定没有那么高的收视率；若是在年前或者年后播出，效果自然不如大年夜，收视率未必会很高。在这场博弈中，央视春晚无疑占据了“先动优势”。

在商务谈判中，还存在着一个不容忽视的概念叫作“最后通牒”，这是一个讨价还价的技巧，也是一种普遍的博弈心理。首先我们来说一个分蛋糕的故事。姐弟俩共同分享一块蛋糕，怎样才能保证两人分得相同分量的蛋糕呢？不妨这样设定：弟弟拥有切蛋糕的权力，而姐姐则拥有优先的选择权。在这种规则下，弟弟一定会将这整块蛋糕切得大小均匀，这样就能保证公平公正了。这就是著名的最后通牒博弈。

最后通牒博弈既能保证均衡，又能保证公平公正，是商务谈判中经常运用到的技巧。

邓春刚被公司任命为总经理，就迎来了一场商务谈判。临出发前，一手提拔邓春的李总告诉他，若想在谈判中占据主动地位，不妨在谈判之前装作接电话的样子，一边假装打电话，一边给对方来个下马威，这样便可事半功倍。

邓春将这个技巧深深记在了心里，到了谈判桌上，他刚一落座，就“满怀歉意”地向大家说道：“对不起，我的手机调成了振动模式，请允许我接一个重要的电话。”说着，他退到一边，假装说道：“你们那边怎么回事啊？合同上明明签好了啊，如果不按我们的要求进场，我们一定会告你们单方面违约！”说完，邓春就“挂”掉了电话。

刚坐下不久，邓春一边拿出手机，放在耳边，一边道歉道：“真是对不起……”他偷瞄了一下现场，发现所有人都在盯着他，便铆足了劲，对着手机表演道：“你们那边也想入驻我们的商场？那行，等我忙完再详谈！”

这次，邓春挂掉电话后，正襟危坐道：“真是对不起，太忙了，现在我们来谈正事儿吧！关于你们的进场费……”

谁知道，对方代表竟面无表情道：“对不起，我方这边暂时不想进场了。”

邓春急了：“你们考虑清楚了吗？我们商场的位置和规模在这座城市中数一数二，多少厂家打破了脑袋都想进场，况且我们的进场费其实并不高……”

对方代表皮笑肉不笑地道：“跟进场费无关，是我们的产品质量问题。”

“什么问题？”

“您也知道，我们公司专门生产手机信号屏蔽器，就在谈判之前我带了一个样品，可是您刚刚却一直在接电话，丝毫没受影响，要知道这个信号屏蔽器一直是开着的……”说着，对方的谈判代表拿出了一个手机信号屏蔽器，看着邓春说：“现在我们怀疑我方这边的机器出了问题，所以我们暂时不考虑进场了……”

对方明显看出了邓春耍的把戏，他之所以这样说，无非是想给邓春下一个最后通牒，邓春彻底傻了眼。为了促成这第一笔买卖，邓春做了很多让步，才顺利地与对方签下合同。在这场博弈中，邓春明显输给了对方。

另外，很多人发现，当买方购买欲望十分浓烈的时候，经常会以较高的价格购得所需之物；而当卖方的销售欲望十分浓烈的时候，经常会以较低的价格向他人兜售自己的商品。

掌握了这种博弈心理，买卖双方或是谈判双方都会采取相应的政策，来进行讨价还价。比如有经验的顾客在逛商场的时候，总是将真实的情绪隐藏在心里，摆出一副不紧不慢、不咸不淡的姿态；而有经验的商家在面对顾客的时候，也总是会分外沉着，不管对方是什么态度，都会说上几句类似的话："我们的商品卖得实在是太好了……"

用逻辑去说服对方，掌握好窍门

当你费尽口舌想要说服与你意见相左的人的时候，往往会感到无奈，你会发现将自己的观点成功地灌输进他人的脑袋是一件多么困难的事情。然而，运用逻辑思维，你可以轻易地引导他人的情绪，甚至走进他们的大脑，控制他们的思想。想要学会运用巧妙高超的逻辑去说服他人，就要掌握好其中的窍门。

在生活中，你需要说服的对象有可能是你的父母、你的爱人、你的好友、你的上司、你的客户，甚至是你的仇敌或者陌生人，我们随时随地都有可能会遇到需要说服他人的情况。如果不掌握说服的技巧，就很难产生预期的效果。巧用逻辑思维，说服就可以变得简单轻松起来。

巧用逻辑，你原本颠三倒四的言辞也可以变得条理清晰起来；巧用逻辑，你原本生硬粗糙的话语也可以变得动之以情、晓之以理起来。那么，运用逻辑去说服他人的窍门究竟有哪些？

- 要懂得以退为进的道理，想方设法调节谈话氛围。

在说服别人的过程中，你要尽量保持和颜悦色的态度，关键的时候“迂回绕弯”，不要“强行冒进”，千万不能拿出一副盛气凌人的姿态，以压服的方式去说服。以退为进，注意谈话氛围，懂得循序渐进，你的说服便会变得事半功倍。

想要说服对方接受自己的立场和观念，不能冲动暴躁，而要尝试着以退为进，循序渐进、迂回绕弯的技巧。

- 要尽量地满足他人的需求，并给予对方足够的安全感。

想要人们同意你的主张，接受你的立场，有一个前提，那就是他们的需求同时得到了满足，他们在聆听你的话语的过程中获得了一种安全感，这样他们才会被轻易说服。想要获取对方的信任和好感，不妨试着多去夸赞对方，这样会让你说服的话语发挥出最大的效益。

说服别人的过程就是不断满足别人需求、给予别人安全感的过程。这个过程应该是循序渐进、由低到高的，掌握好度，不要在一开始就将“底牌”亮给对方，一开始就给予对方最大的安全感。逻辑思维中很重要的一点就是要学会虚虚实实的技巧。如果你真的那么“实诚”，恐怕也不会得到相应的尊重。

- 为达到目的不妨发挥心理攻势争取同情，以弱克强。

在遇到比较强大的对手的时候，想要以弱克强，不妨最大限度地争取同情，以此来攻破对方的心理防线。

- 善意威胁，制造消极情绪，唤起人们的恐惧感。

比如说，为了说服吸烟的人戒烟，可以向对方展示吸烟的可怕后果，营造一种善意的威胁氛围，唤起对方的恐惧感。挑起对方的恐惧情绪，让对方意识到有可能面对的严重后果，这也能够产生一种有力的说服效果。

- 以情攻心，尽量消除对方的防范心理。

当我们与需要被说服的对象站在完全相反的立场上的时候，彼此都会产生一种戒备的防范的心理，这种敌对心理使得你的说服工作尤为艰难。为了消除这种心理，你需要运用暗示性的言语反复向对方表明你并不是他的敌人，而是能够给予他帮助的伙伴。你可以对他嘘寒问暖，表达关心，尽量消除他的敌对心理。

● 站在对方的立场上分析问题，投其所好。

知己知彼方能百战百胜，想要做到知己知彼，想要巧妙地投其所好，你要时刻不忘换位思考，经常站在对方的立场上分析问题，才能说出极具说服力的话。

● 用一致性和同理心打破对方“不”的心理。

有些人性格顽固，经常处于一种“不”的心理下，对于别人的意见和建议表现强硬，一概不接受。为了打破对方这种心理，你可以另找话题，先寻求对方的认同，以这种一致性挑起对方的同理心，再将话题引入主题，让对方无法拒绝，只能同意。

若想要用逻辑去说服对方，在谈话之前一定要厘清自己的思绪。熟练地掌握以上介绍的这几种方法，并不断地运用到生活中去，不断积累经验，逐渐形成一整套缜密流畅的逻辑思维，帮助你更好地处理人际关系。

逻辑的力量，一句话就能说服

当我们采取各种各样的语言技巧，想要说服别人的时候，无非是想达到让双方的利益最大化的目的。假如明确了说服的目的，并能够在说服的时候详细地表达出这个意思，你无疑已经成功了一半。

在双方“博弈”的过程中，只要一句话说得到位，就为你最后的胜利奠定了基础。可以说，逻辑带来的力量是只用短短一句话便能成功说服对方。一句关键性的话语往往能够决定你与对方的交流是否畅通无阻，决定你是否能够完成初衷，达到预期的效果。

想要用一句话成功说服对方，有个重要的前提：那就是你要从头至尾都抱着耐心，认真听取对方的意见、尊重对方的想法，在充分了解对方的立场的基础上再向其分析利弊，讲明后果，而不是一味地抒发自己的情绪，用大道理“砸”向对方，这样只会引来对方的反感。

想要提高获得对方理解和认同的概率，就要在交谈的过程中始终保持着谦和、冷静、包容的心态，多点耐心，多点细心，看准时机，再抛出那一句至关重要的话。很多人会对一句话能够产生的效果持着怀疑的态度，但实际上，只要掌握了说服的几大基本要素，并熟练地运用到生活中去，你也能用一句话成功地扭转局面。

说服的第一点基本要素是：关键并合乎情理的请求。你想要说服对方，一定要保证你的立场基本合理，你的请求符合情理，你的建议切实可行，你的观点存在着某种关键性。满足了这些条件，你才有说服别人的可能。如果你的请求听上去荒谬至极，根本无法实现，那么无论你的态度有多诚恳，你的语言技巧有多高超，也不可能取得成功。

说服的第二点基本要素是：表达出健康积极的信息。说服别人的时候，想要赢得对方的好感，我们可以有意识地透露出积极的信息，或者热情地向对方阐明，一旦接受了我们的建议，可能会达到的良好的效果有哪些。

说服的第三点基本要素是：适当表露出消极的信息。在前文中，我们已经说过，必要的时候，可以采取善意的威胁，制造某种恐慌的情绪，以此来说服他人。如果你想劝服对方不要下水库游泳，不妨先向对方详细描述一下这种行为的危险之处，再列举几个残酷的案例，“吓吓”对方。

说服的第四点基本要素是：必要的道歉。说服不是压服，不要总是怒气冲冲，还没说上几句就想让别人无条件地臣服于你。想要让别人心服口服，不能光靠盛气凌人的态度，只有保持着恭谨谦虚的心态才能赢得对方的尊重。记住，将“不好意思”挂在嘴边，该道歉的时候要道歉，你的低姿态反而能让你的形象高大起来。

说服的第五点基本要素是：适当的拒绝。拒绝的时候姿态要低，方式要巧，这并不是在让你一味地“做小伏低”委屈自己，而是要让你懂得谦虚、礼貌的重要性，但这并不妨碍我们与此同时保持着强硬的底气。适当的拒绝是我们保持原则和底线的一种做派，有时候也会产生“以退为进”的效果。

说服的第六点基本要素是：不可隐藏的批评。说服别人的时候，态度要春风化雨，足够谦虚，足够耐心，亦要落落大方、不卑不亢，该批评的时候批评。前面我们说，说服别人不是压服别人，但说服别人跟讨好别人也有着本质的区别。遇到了应当批评的行为，就要表达出我们的批评，只要注意方式就可以了。

掌握了说服的基本要素，并能将之游刃有余地运用到生活工作中去，极有可能会起到一句话“力挽狂澜”、一句话“化腐朽为神奇”的效果，这会让你的生活变得更顺畅、更容易。

巧用逻辑的力量，用一句话说服对方的关键不在于你说的是什么，而在于你怎么说。言语中的内容当然很重要，但最能起到事半功倍的点却在于你说的技巧。同样的一句话，不同的人说会起到不同的效果，这与说话者的表达方式息息相关。

比如说，你必须说服客户买你的产品，这时的你要想到，你的客户可能在与你交谈之前，已经听过了太多的销售员说过同样一番道理，如果这时候你还要继续采取同样的说辞、同样的模式去说服对方，无疑会碰一鼻子灰。理智的做法是转移方向，另选技巧，着重突出自己与他人的不同，尽量引起对你的好感和信任。

最好的说服效果是同时达到双方利益最大化的目的，且使得对方的思维产生延伸和扩展的同时对你印象深刻，这就为之后的无数次交流埋下了伏笔。是的，只要运用好逻辑的力量，一句话就能带来这样的效果。

适当运用“换汤不换药”的说服技巧

《庄子·齐物论》中说了一个关于说服的小故事，对象是一群可爱的猴子。故事说的是战国时，有个老人养了一大群猴子，人们都叫他“狙公”。狙公并不富裕，但生性喜爱猴子的他并不愿意亏待这群猴子，尽量给它们提供足够的吃喝。

随着狙公年纪越来越大，他的生活也越来越清贫，到了后来，他不得不减少猴子的饮食分量来渡过难关。但是狙公知道这群猴子生性顽皮，性格刁钻，如果不能成功说服它们，恐怕会被猴子们骑在头上。

狙公想来想去，终于想了一个好办法。他捏着一颗栗子，来到猴群中说：“以后你们吃栗子要控制数量了，不能再像以前那样浪费了，以后早上吃三个，晚上吃四个，可好？”

大猴子们一听，纷纷龇牙咧嘴，又是跳又是叫，小猴子们都跃到狙公怀中肩上，揪着他的头发、胡子发着脾气。

狙公被闹得没办法，叹口气，说："唉，没办法，看来你们都不同意，那这样吧，早上给你们吃四个栗子，晚上吃三个，这下子够吃了吧？"

头脑简单的猴子们一听此言，一个个都满意地趴在了地上，懒洋洋地晒起了太阳。

这个时候的狙公可谓是深谙"换汤不换药"的说服技巧，是一个名副其实的逻辑高手。在现实生活中，尽管我们的谈话对象不可能像猴子一样单纯愚笨，但是若将"换汤不换药"的说服之道运用到出神入化的地步，也会带来令人难以想象的效果。

"换汤不换药"实际上是一种逻辑谬误，逻辑严密的人够熟练运用这种技巧成功地让一些难以被人接受或者不太受人欢迎的言辞、观点变得更易接受并深入人心起来。

每逢周六日，市民们便涌向了公园，游玩观赏之余常常夹杂着一些不文明的行为。公园里的草坪总是会被游人们肆意践踏，一天下来，清洁工们需要清理的垃圾足足有几十吨。人们总是对公园里草坪上"请勿乱扔垃圾""不要随意践踏草坪"的标语视而不见，我行我素。

直到有一天，草坪上旧的标语牌全部被拆除了，换上了崭新的标语牌，上面用幼圆字体写着"予我安宁，赠您绿意""绿色明亮了我们的眼睛，是为了让我们看清足下绿的生命""请不要污染大地的衣裳"等标语，这些美丽而又富有诗意的句子瞬间软化了市民们的心，他们竟然被成功地说服了，不约而同地改掉了往日的坏习惯。

试问新标语和旧标语究竟有何不同？它们的本意都是让人们爱护公共环境，效果却截然不同。由此可见，将“换汤不换药”的说服技巧巧妙地运用到生活中，会为我们带来很多出乎意料的效果。

所谓的“换汤不换药”指的是将原有的观点通过另一番精心包装重新“兜售”给别人。在与人沟通交往的过程中，我们往往会发生词不达意的状况，自以为表达得很到位、很有感染力，对方却无动于衷，这时候不要着急，完全可以重新组织语言，换一种方式来表达自己的意思。

当运用“换汤不换药”的方式重新组织说辞的时候，虽然听起来很不一样，但骨子里表达的还是当初的意思。说服是一门艺术，当你发现你的沟通出现问题的时候，不妨换一种说法去说服。

一位果农有一大片苹果园，专门用来种植高原苹果，他的苹果外形饱满、色泽红润、口感脆甜，十分受人欢迎。有一年，就在苹果快要成熟的时候，一场突如其来的冰雹让苹果园的主人焦虑万分。冰雹后，他震惊地发现原本光滑如玉的苹果一个个被砸得伤痕累累，丑陋不堪。

那几天，果农愁眉不展，茶饭不思。为了尽快将这些“受了伤”的苹果卖出去，他向经销商们打起了广告：“虽然这些苹果外形欠佳，但是却不影响它们的品质，它们依旧很脆甜！”广告没有起到预期的效果，往年他的苹果供不应求，今年却无人问津。为了尽量减少损失，苹果园的主人将这批苹果以极低的价格卖给了一个年轻的经销商。

年轻的经销商看着这些伤痕累累的苹果，陷入了沉思。

不久后，他换了个说法开始大做广告：“亲爱的顾客们，请正视您面前的苹果，它们身上的累累伤痕，来自高原冰雹，来自大自然！正是大自然赐予了它们独特的印记和它那让人沉醉的香甜味道。错过了高原之吻，你肯定会后悔。”

“高原之吻”的说法深深地印刻在了顾客们的脑海里，这批苹果很快便被销售一空。

比较苹果园的主人和年轻的经销商各自所打的广告，究竟有什么不同？其实苹果还是那些苹果，只不过换了一种说法，这批苹果就从滞销品变成了畅销品，实在很神奇。

生活中，我们经常会遇到沟通障碍的时候，我们需要反思的是说话的方式和态度，尝试着用一种方式将原有的观点、立场、说辞精心地包装起来，再灌输给对方，一定能够起到事半功倍的效果。掌握了“换汤不换药”的说服技巧，并将其适当运用到生活中，你也能成为想象中的逻辑达人或是说话高手。

逻辑教你巧妙转移话题

每个人都有自己不想谈论的事情，可是依照墨菲定律的说法，人生中总是怕什么来什么。我们在与人沟通交流的过程中经常会碰到我们不想谈论的事情，或者是某些令人讨厌的话题，这时候，人们只好想方设法地避开话题，以摆脱困境。

语言逻辑高手们深谙转移话题的技巧，他们总会适时创造出一个新话题，来转移人们的注意力，从而成功为自己解围。人类拥有着共同的思维惯性，那就是容易被新事物吸引，将这种思维惯性运用到沟通交流的过程中去，就滋生出诸多“转移话题”的技巧。

那么，“转移话题”的技巧经常会被运用在哪种场合中呢？

● 当现场的气氛尴尬的时候。

造成气氛尴尬的原因有很多，陷入了类似的气氛中的人们就好比陷入了“泥潭”一般，想迅速逃离现场。这时候，场上若有一个人能够引出一个新话题，冲破了沉闷的气氛，无疑是将人们从“水深火热”中解救了出来。

办公室里，大家都在埋头工作的时候，角落里突然传来了一阵异样的声音。原来刚来的同事米果放了一个屁。米果是个文静害羞的小姑娘，她涨红了脸，尴尬得不行。大家都装作若无其事的样子，内心却都很尴尬。主管朱雯突然爽朗地笑起来，说道：“公司食堂饭菜那么难吃，米果肯定是中午吃坏了肚子……不如这样吧，我们来玩个游戏好不好？”

“什么游戏啊？”古灵精怪的小奇来了兴趣。

“我们每个人都说一件自己的尴尬事吧，你们看怎么样？！”朱雯笑着提议道。

小奇两眼放光，立马拍手同意：“好主意！我先来，有一天上班快要迟到，我穿了两只不一样的鞋子来上班，到了公司还被领导指了出来，尴尬极了！”

小瑞接着说道：“要说尴尬，你们碰上的尴尬事都比不上我，我约男神看电影，结果男神对我说，小瑞，你牙齿上沾上了菜叶！”

小瑞的话引得大家一阵大笑，办公室里的气氛顿时便活跃了起来，大家你一嘴、我一嘴地说起了自己的尴尬事，有趣极了。米果听着大家的话，不仅尴尬的情绪消失得无影无踪，内心还感到了一阵温暖。

当遇到尖锐的质问或者某些敏感的话题的时候。

公众人物经常遇到这种情况，他们深谙转移话题的技巧。而普通人在与人谈话的过程中，也难免会遭遇尖锐的质问或者敏感话题的袭击。遇到这种情况，我们不必直接回答对方的问题，要想方设法将话题诱导向自己想要的方向，并让其一步步掉进自己的思维逻辑里，让对方遗忘最初的话题。

礼拜六晚上，孙刚参加了高中同学会，大家聚餐K歌，玩得十分尽兴。在聚会快要结束的时候，一个老同学突然向孙刚问道："大家都是带着家属一起来参加同学会的，你家那一位呢？听说嫂子是位少见的大美人，大家都还没见过呢！"

孙刚笑了笑："她临时有事，来不了，托我向大家问好。"

那个老同学贼兮兮地笑道："怎么年年聚会，年年都有事啊？听说你和嫂子感情不好，要离婚了？"

一言既出，所有人都看着孙刚。孙刚脸上却保持着常态："瞎说啥，我们好着呢！上个月刚去马尔代夫玩了一礼拜，那里的风景美极了……"

"是吗，马尔代夫好玩吗？你们花了多少钱啊？"有几个女同学两眼放光，细心地问起来。

"不贵不贵……哎，你上次去巴黎带回来的围巾在哪儿买的？"孙刚向女同学问道，话题一点点脱离了最初的方向，所有人的关注点都转移到了旅游上。

美国曾经的国防部长罗伯特·麦克纳马拉说，不要回答别人问你的问题，回答你想回答的问题。记住这句话，利用逻辑巧妙地转移话题。

转移话题并不代表着欺骗，它只是成功转移注意力的一种做法。这无关道德，只是一种语言逻辑的技巧而已。值得注意的是，利用转移话题的策略，不仅可以破除尴尬、化解尖锐质问、避开敏感话题，还有着维护感情的作用。在人与人相处的过程中，利用转移话题的策略，可以避免一些分歧和争执，保护人们的感情不受伤害。

无论两个人之间的关系有多亲密，言语中总会有分歧，如果这时候不想法去转移话题，而是继续讨论下去，一定会产生更多的不愉快，久而久之，感情也会受到影响。及时转移话题，是为了让气氛轻松下来，避免无谓的争论。

转移话题的时候，切记要学会灵活，不要因循守旧，死板不懂应变。想要将话题转移得不动声色、不露痕迹又能够产生很好的效果是很需要功力的。而逻辑思维能力突出的人总能够游刃有余地应对各种情况。那么，如何在谈话中利用逻辑来转移话题呢？

节外生枝。谈话的过程就是由一个又一个话题串联起来的。如果你对正在谈论的话题丝毫不感兴趣，或者不愿多谈，可以将新的话题“嫁接”过来，以此来转移话题。

转移视线。举个例子来说，如果你是一位大龄剩女，邻居大妈天天来给你介绍对象，烦得你受不了，碍于面子你也不能直接和对方撕破脸，你不妨巧妙地转移视线，让她主动忘记自己原本的目的。你可以夸她人美年轻，向她讨教保养皮肤的秘诀，你可以夸她服装亮丽有品位，问她是在哪儿购买的等。

先声夺人。在对方刚刚触及话题的一角还未完全摊开来谈的时候，你大可以先声夺人另立话题，再侃侃而谈。别忘了随时征求对方的意见，给对方戴高帽，请求他为自己指点迷津，不给对方提起之前话题的机会。

装疯卖傻。所谓指东打西，指西打东，对方说人，你就言物；对方说事，你就谈人；对方说家事，你就谈工作；对方问敏感问题，你就谈天气，装作听不懂对方话的样子，装疯卖傻让对方无可奈何。

图书在版编目（CIP）数据

恶补逻辑学的第一本书 / 董桂萍著 .—2 版 .—北京：
中国法制出版社，2020.12
ISBN 978-7-5216-1493-0

Ⅰ . ①恶…　Ⅱ . ①董…　Ⅲ . ①逻辑学—通俗读物
Ⅳ . ① B81-49

中国版本图书馆 CIP 数据核字（2020）第 240087 号

策划编辑：郭会娟（gina0214@126.com）
责任编辑：郭会娟　刘　悦　　封面设计：汪要军

恶补逻辑学的第一本书
EBU LUOJIXUE DE DI-YI BEN SHU
著者 / 董桂萍
经销 / 新华书店
印刷 / 三河市国英印务有限公司
开本 / 710 毫米 ×1000 毫米　16 开　　印张 / 12.5　字数 / 201 千
版次 / 2020 年 12 月第 2 版　　2020 年 12 月第 1 次印刷

中国法制出版社出版
书号 ISBN 978-7-5216-1493-0　　定价：42.80 元

值班电话：010-66026508
北京西单横二条 2 号　邮政编码 100031　　传真：010-66031119
网址：http://www.zgfzs.com　　**编辑部电话：010-66073673**
市场营销部电话：010-66033393　　**邮购部电话：010-66033288**
（如有印装质量问题，请与本社印务部联系调换。电话：010-66032926）